HISTOIRE DE L'INDUSTRIE SUCRIERE
EN GUADELOUPE
AUX XIXe ET XXe SIECLES

Tome II

LA TRANSITION POST-ESCLAVAGISTE 1848-1883

5-7, rue de l'Ecole polytechnique ; 75005 Paris

http://www.librairieharmattan.com
diffusion.harmattan@wanadoo.fr
harmattan1@wanadoo.fr

ISBN : 978-2-296-02737-4
EAN : 9782296027374

Christian SCHNAKENBOURG

HISTOIRE DE L'INDUSTRIE SUCRIERE
EN GUADELOUPE
AUX XIXe ET XXe SIECLES

Tome II

LA TRANSITION POST-ESCLAVAGISTE 1848-1883

L'Harmattan

AVANT - PROPOS

Ce livre constitue la seconde étape d'une aventure au long cours consacrée à l'histoire de l'industrie sucrière de la Guadeloupe aux XIXe et XXe siècles et commencée par une étude de la crise du système esclavagiste entre 1835 et 1847, publiée aux Editions L'Harmattan en ... 1980. Je dois à tous ceux qui m'ont fait l'amitié de lire ce tome premier et m'ont souvent demandé quand allait paraître le second, beaucoup d'excuses et quelques explications sur les causes de ce retard.

Pendant ce quart de siècle, je n'ai pratiquement jamais cessé de travailler sur l'histoire économique et sociale des Antilles, mais j'ai pris des voies détournées. Plutôt qu'une rédaction en continu, j'ai étudié des sujets divers au fur et à mesure que leur intérêt m'apparaissait et que les sources le permettaient : "organisation du travail" au lendemain de l'Abolition, immigration indienne, évolution de la conjoncture, Banque de la Guadeloupe, habitations-sucreries "du père Labat", et surtout usines centrales modernes, soit globalement en tant que composantes de la branche sucrière dans son ensemble, soit sous forme de monographies pour les principales d'entre elles. Et maintenant, quand je me retourne sur le chemin parcouru, je réalise que j'ai finalement accompli, étude après étude et morceau après morceau, l'essentiel du programme dont j'avais annoncé la réalisation future dans mon tome I.

Voici donc venu le temps de la synthèse. Par rapport au premier, ce tome II et les suivants voudraient faire plus simple. J'ai rassemblé des travaux épars, les miens et ceux des autres, pour les rendre plus accessibles. De même, l'appareil critique et la bibliographie ont été allégés ; je me suis limité à l'indispensable, permettant de donner des pistes au lecteur désireux d'approfondir un point particulier de cette histoire. J'ai d'abord pensé à l'étudiant à la recherche d'un manuel ainsi qu'à "l'honnête homme" antillais cultivé qui souhaiterait en savoir un peu plus sur l'histoire de son pays.

Je tiens enfin à remercier tous ceux, universitaires, personnels des archives et des bibliothèques, responsables d'entreprises, ou chargés de la saisie de mes textes, qui, à un moment ou à un autre, à un titre ou à un autre, directement ou indirectement, en conscience ou par hasard, d'abondance ou de peu, ont contribué depuis plus d'un quart de siècle à la préparation de ce livre ; qu'ils veuillent bien trouver ici l'expression de ma reconnaissance.

INTRODUCTION

La période qui s'étend de l'Abolition au déclenchement de la grande crise de la fin du siècle (1884) constitue le tournant majeur de l'histoire des Antilles, et notamment de celle de leur industrie sucrière. C'est en effet là que tout bascule ; après l'esclavage lui-même, dont le maintien bloquait jusqu'alors toute possibilité de modernisation, toutes les structures économiques et sociales qui lui étaient liées sont détruites à leur tour, et un monde nouveau émerge progressivement.

Naturellement, ce basculement est très lent, parce que, quelque radicale que soit la rupture de 1848, ces anciennes structures de l'époque esclavagiste ne disparaissent pas brutalement du jour au lendemain ; il y faut un tiers de siècle que l'on peut qualifier de période de *transition*. Elaborée initialement pour décrire le passage à "l'économie de marché" des anciens pays "socialistes" à la fin du XXe siècle, cette notion semble pouvoir s'appliquer également, quelques 150 ans plus tôt, à l'histoire des Antilles pendant la période post-esclavagiste ; telle est la problématique centrale de ce volume.

Le cœur même de la transition antillaise se situe dans *le passage de l'esclavage au salariat*, le salariat dont l'économiste Christian Palloix écrit qu'il constitue "le fondement de l'économie marchande elle-même" ; désormais les rapports sociaux de travail entre les planteurs et ceux qu'ils emploient sur leurs habitations, qui reposaient jusqu'alors sur la violence, deviennent des rapports marchands. Or, c'est précisément ce que les grands propriétaires ne sont pas disposés à admettre. Ce dont ils ont besoin, c'est non seulement de disposer d'un volume suffisant de main-d'œuvre pour maintenir puis développer la production sucrière, mais encore que ces travailleurs n'aient d'autre choix que de se salarier sur les habitations, mais aussi que leurs rémunérations et leurs conditions de travail soient soumises à une pression constante, afin de maintenir le coût de leur emploi au niveau le plus bas possible ; en d'autres termes, parvenir à la constitution d'un véritable *prolétariat rural*, au sens marxien de l'expression. Dans ce but, l'action des planteurs et de l'administration s'oriente dans deux directions : tentative de salarisation forcée de la population créole, d'une part, et recours à l'immigration étrangère réglementée, de l'autre. Nous y consacrerons les deux premiers chapitres.

Le second volet de la transition post-esclavagiste réside dans le passage de l'habitation-sucrerie à l'usine centrale comme structure de base de la production sucrière, qui constitue ce que l'on peut appeler la *révolution industrielle* antillaise. Mais pour fondamental qu'il soit, ce changement ne saurait, à lui seul, contenir la totalité du phénomène. Les grands ouvrages classiques sur la révolution industrielle anglaise (Karl Marx, Paul Mantoux, T. S. Ashton ...) ont montré que celle-ci ne se limite pas uniquement à l'apparition de l'industrie moderne, mais se traduit au contraire par un bouleversement complet de tout l'environnement de la production. Comme en Angleterre un demi-siècle plus tôt, la révolution industrielle aux Antilles est un processus global résultant de la réalisation simultanée et de l'interaction de deux grands ensembles de mutations structurelles, relatives, l'une à l'émergence d'un nouvel environnement indispensable à la naissance de l'industrie moderne, l'autre au développement de cette industrie elle-même et à la disparition qui en résulte des anciennes structures préindustrielles. Cette double mutation fera l'objet des deux chapitres suivants.

CHAPITRE I

LA DIFFICILE CONSTITUTION D'UN PROLETARIAT CREOLE

Après les joyeux soubresauts des lendemains immédiats de l'Abolition, l'administration et les planteurs espèrent que les problèmes de main-d'oeuvre des habitations vont se résoudre par le passage au salariat des affranchis. Mais ceux-ci refusent de s'engager à peine libérés dans des conditions qui leur rappelleraient un peu trop leur ancienne servitude, et les "lois" d'un marché du travail encore embryonnaire, mais qui leur est totalement favorable, sont impuissantes à les y obliger. C'est pourquoi les pouvoirs publics essaient d'abord, dans la décennie 1850, de les contraindre à se salarier par la mise en œuvre d'une politique de force, puis, après avoir bien dû constater leur échec, sont finalement obligés, à partir de 1860, de laisser le marché du travail, lentement constitué, fonctionner librement, même si c'est au détriment des grands propriétaires.

1. LA SITUATION DU TRAVAIL AU LENDEMAIN DE L'ABOLITION

1.1. Les conséquences immédiates de l'abolition de l'esclavage

a) Les déplacements des nouveaux libres : des départs mais pas de désertion massive

Comme il était prévisible, et d'ailleurs prévu par tous les contemporains, l'abolition de l'esclavage plonge immédiatement l'économie antillaise dans une profonde dépression. La production sucrière de la Guadeloupe tombe de 38.000 tonnes en 1847 à 20.100 l'année suivante, puis continue de diminuer jusqu'à un minimum de 13.700 tonnes en 1850, soit une baisse totale de près des deux tiers en trois ans ; dans le même temps, le nombre total d'habitations-sucreries en activité passe de 490 à 440 environ.

Tableau n° 1

EVOLUTION DE LA CONJONCTURE SUCRIERE DE LA GUADELOUPE DE 1847 A 1860

	Production de sucre (Tonnes)	Nombre de travailleurs employés à la canne	Prod. moyenne par travailleurs (Qx)	Prix moyen du sucre d'habitation (F p. ql)
1847	38.008	32.042	11,8	49,06
1848	20.099	18.739	10,7	--
1849	17.892	25.755	6,9	50,07
1850	13.720	26.551	5,1	51,78
1851	20.354	31.540	6,4	53,51
1852	17.720	31.049	5,7	54,22
1853	35.732	30.845	11,6	48,54
1854	38.180	31.263	12,2	46,92
1855	27.772	35.872	7,7	49,57
1856	23.718	--	--	65,11
1857	25.705	--	--	74,00
1858	32.339	38.427	8,4	54,30
1859	28.021	38.847	7,2	60,66
1860	32.903	40.939	8,0	54,70

Sources : *Statistiques coloniales* et *Annuaire de la Guadeloupe.*

Nota : le nombre de travailleurs publié pour 1856 et 1857 est manifestement erroné et inutilisable.

La cause première de cet effondrement est évidemment le très fort ralentissement du travail consécutif à l'Emancipation, comme le montre l'évolution de la production de sucre par esclave/travailleur employé à la canne : 11,8 qx en 1847, 5,1 en 1850. Cette chute de la productivité n'est évidemment pas surprenante. Elle traduit tout simplement la volonté des nouveaux *libres* de savourer pleinement leur *Liberté* en choisissant *librement* par eux-mêmes le moment, la nature, la durée et le rythme de leur travail ; ils refusent, selon le mot de l'abolitionniste Auguste Cochin, "de remplacer l'esclavage imposé par l'esclavage volontaire". Les autorités coloniales elles-mêmes ont bien conscience de cette situation, ainsi qu'il apparaît à travers les opinions concordantes des deux plus hauts responsables de l'administration de la Guadeloupe, en 1851. Pour le gouverneur Fiéron, qui mène pourtant alors une politique particulièrement "musclée" en vue de ramener les "cultivateurs" sur les habitations, "il faut considérer que le résultat infaillible de l'émancipation était d'avance la réduction du nombre de travailleurs, par la recherche des douceurs de la vie de famille et la facilité pour quelques-uns de se créer une existence nouvelle". Tandis que le directeur de l'Intérieur Eggimann, son bras droit et collaborateur le plus immédiat, n'hésite pas à avouer que "cette irrégularité dans le travail, cette inconstance du Noir libre, cette facilité avec laquelle il se dérobe à ... ses obligations, ces longues intermittences de repos, ce détachement de la grande culture, ... tout cela s'explique par ... la nature des choses ... Longtemps contenus, les Noirs éprouvent un grand désir d'indépendance et un grand besoin de manifester ce sentiment. La règle leur est à charge parce qu'elle leur rappelle leur premier état de servitude ; l'insoumission leur plaît parce qu'elle témoigne de leur nouvelle condition. "*Je suis libre*", voilà leur réponse à tout".

Pour autant, il ne paraît pas possible de reprendre l'expression de "désertion" des habitations, longtemps employée pour décrire les déplacements des nouveaux libres au lendemain de l'Abolition ; il n'y a jamais eu arrêt total de l'activité. "Même en ces premiers jours d'enivrement", écrit en 1858 Le Pelletier de Saint-Rémy, ancien délégué des colons antillais en métropole sous la Monarchie de Juillet et anti-abolitionniste notoire, "il n'y eut point à proprement parler cessation de travail" ; mieux même, "sur un grand nombre de sucreries", les affranchis acceptèrent, avant de fêter la liberté, de "mettre au moulin" et de fabriquer des cannes coupées avant le jour de l'Emancipation et qui, sans cela, auraient été perdues.

Bien sûr, pendant environ deux mois après le 27 Mai, règne dans toute la Guadeloupe une atmosphère de fête et de joyeuse pagaille qui traduit tout simplement le bonheur sans limite de tout un peuple rendu à l'Humanité. Jusqu'alors contraints à coups de fouet de travailler gratuitement et rivés à une habitation dont ils ne pouvaient sortir qu'avec l'autorisation du maître, les affranchis inaugurent leur nouveau statut d'hommes libres en allant et venant au gré de leurs choix propres, en travaillant un jour et dormant le lendemain, simplement pour le plaisir de le faire, pour exercer leur *droit* de le faire ou de ne pas le faire, sans avoir de comptes à rendre à quiconque. En quelque sorte, ils saisissent *physiquement* leur liberté. Mais même quand ils partent, il s'agit presque toujours de déplacements à court rayon d'action autour de l'habitation sur laquelle ils étaient esclaves, ou entre celle-ci, les habitations des environs et le bourg voisin.

Globalement, donc les nouveaux libres demeurent sur leurs habitations d'origine, ou y reviennent après quelques semaines ou quelques mois d'errance, retenus par la case et le "jardin" que leur concèdent les planteurs pour les inciter à rester, par la possibilité qu'ils y trouvent d'y gagner un salaire leur fournissant un revenu monétaire, peut-être aussi par des solidarités nées des souffrances partagées avec leurs compagnons d'infortune à l'époque de l'esclavage. De toutes façons, il n'y a pas suffisamment d'espace disponible dans l'archipel guadeloupéen pour permettre d'un seul coup aux 90.000 anciens esclaves de s'installer comme petits paysans libres. En Grande-Terre et à Marie-Galante, les habitations-sucreries occupent la quasi-totalité des terres cultivables, et la région des Grands-Fonds, dont on a longtemps pensé qu'elle n'avait été massivement peuplée qu'après 1848 par les affranchis des communes sucrières voisines, est déjà presque entièrement occupée et appropriée par des Nègres libres au moment de l'Abolition. Les seuls endroits où il est possible de s'établir se situent sur les marges de l'espace sucrier, dans des régions impropres à la culture de la canne parce que trop sèches (extrême Est et extrême Nord de la Grande-Terre et de Marie-Galante) ou trop difficiles à mettre en valeur (zones des palétuviers le long des Culs-de-Sac), ainsi qu'autour de la Basse-Terre, sur les pentes du massif montagneux central, au-dessus de la bande des 200 à 300 m d'altitude qui marque généralement la limite en hauteur des habitations ; là, il est possible d'ouvrir un grand nombre de places vivrières en défrichant la forêt tropicale, mais évidemment pas au point de pouvoir y installer toute l'ancienne population servile de la Guadeloupe. Ajoutons enfin que dès le mois d'août 1848, et plus encore à partir d'octobre avec l'arrivée du colonel Fiéron comme gouverneur, l'administration coloniale, en vue d' "inciter" les affranchis à retourner sur les habitations, commence à exercer sur eux une pression croissante, qui tourne même à la répression ouverte au cours des deux années suivantes.

En 1847, la Guadeloupe comptait 38.600 esclaves travaillant à des cultures d'exportation, dont 32.000 à la canne ; ces chiffres tombent à 22.700 et 18.700 "cultivateurs" respectivement l'année suivante, avant de remonter jusqu'à 36.200 et 31.500 en 1851. A cette date, selon diverses estimations contemporaines, un maximum de 3.000 à 4.000 affranchis auraient quitté définitivement les habitations, même pas

5 % du nombre total des anciens esclaves de 1847. Des départs, donc, mais certainement pas de désertion.

b) La recherche par les planteurs de modes non monétaires de rémunération

La situation financière des habitations est catastrophique. L'ancien système de financement de la production par les avances de campagne des commissionnaires locaux s'est effondré en même temps que l'esclavage, le crédit a disparu, le taux d'intérêt à court terme s'élève à 30 %. Faute de trésorerie, mais également en raison de la pénurie de monnaies métalliques qui frappe alors la Guadeloupe, les planteurs sont dans l'incapacité de faire face à leurs dépenses de faisance-valoir, et notamment de payer un salaire à leurs "cultivateurs", ce qui serait le meilleur moyen de les retenir.

Ceci les conduit à essayer d'imposer aux nouveaux libres des modes non monétaires de rémunération. Par exemple, leur concéder la jouissance d'une case et d'un "jardin" en échange de journées de travail sur les plantations et à la sucrerie au moment où l'on a le plus besoin d'eux. Mais ce qui a de loin la préférence des planteurs est le système de "l'association" entre, d'une part un propriétaire, qui fait apport de son habitation, avec les plantations, bâtiments de la manufacture, animaux et autres instruments nécessaires à la fabrication, et d'autre part les "cultivateurs" de "l'atelier", généralement les anciens esclaves restés sur place, qui apportent leur force de travail ; à la fin de la campagne, le revenu est partagé entre les deux parties, dans des proportions variables selon qu'il s'agit du revenu brut ou net, mais toujours favorables au planteur. Mais ce système qui, à l'exception du fouet, laisse pratiquement inchangé l'ancien mode d'organisation de l'activité de l'époque esclavagiste, se heurte très vite au refus des affranchis, qui exigent avant tout de percevoir un salaire. Dès 1851, l'association a pratiquement disparu en Guadeloupe.

1.2. Genèse de l' "organisation du travail"

La reprise survient à partir de 1851 (*Voir tableau n° 1, p. 10*). Les "cultivateurs" retournent progressivement sur les habitations ; le nombre de ceux travaillant à la canne est presque aussi élevé qu'en 1847. La production repart à la hausse ; en 1853, elle n'est plus très loin de son niveau d'avant l'Abolition, et une dizaine d'habitations-sucreries qui avaient cessé de "rouler" en 1848 reprennent même leur fabrication. La loi du 13 juin 1851, octroyant une détaxe de distance aux sucres coloniaux importés en métropole, ainsi que le redémarrage des cours du sucre favorisent et amplifient encore ce mouvement.

Pourtant, parallèlement, les plaintes des planteurs à l'encontre des "cultivateurs" créoles se multiplient. A les en croire, les anciens affranchis ne fournissent qu'un travail irrégulier et peu soutenu, tout à fait insuffisant pour permettre l'entretien des plantations et assurer une récolte normale ; au contraire, ils ont une "fâcheuse" tendance à "s'isoler" sur de petites parcelles vivrières, ne s'engageant comme salariés sur les habitations que le temps nécessaire pour y gagner le revenu monétaire indispensable à l'achat des biens qu'ils ne peuvent produire par eux-mêmes.

Il n'est pas douteux que ces plaintes traduisent bien, effectivement, une certaine réalité. Les "cultivateurs" reviennent sur les habitations, mais leur productivité demeure toujours très faible ; elle était de 5,1 qx de sucre par travailleur de la canne en 1850, elle se contente de tourner autour des 6 au cours des deux années suivantes. Mais il semble aussi que l'attitude des affranchis traduise de leur part une attitude de résistance face à la situation de violence institutionnelle qui leur est faite dès le dernier trimestre 1848, avec l'arrivée du colonel Fiéron comme gouverneur. En outre, les résultats de l'élection présidentielle du 10 décembre, portant Louis-Napoléon Bonaparte au pouvoir, provoquent une vive inquiétude chez eux, qui se rappellent qu'en 1802 un autre Bonaparte avait rétabli l'esclavage et qui craignent une décision analogue de son neveu ; c'en est au point que le sénatus-consulte du 3 mai 1854, "qui règle la constitution des colonies", se croit obligé de préciser dans son article 1er : "L'esclavage ne peut jamais être rétabli dans les colonies françaises". Par la suite, les craintes des "cultivateurs" sont encore aggravées par la politique répressive de l'administration, qui cherche par tous les moyens à les renvoyer sur les habitations, et plus encore par le comportement des planteurs qui, comme les nobles de retour d'exil à la Restauration, n'ont "rien compris, rien appris, rien oublié".

En réalité, contrairement à ce que disent alors les planteurs, il n'est pas vrai que les nouveaux libres refusent systématiquement de continuer à travailleur pour leurs anciens maîtres, puisqu'ils reviennent très majoritairement sur les habitations ; mais il est vrai par contre qu'ils refusent massivement de faire comme si rien ne s'était passé en 1848.

Or, c'est précisément cela que les planteurs veulent leur imposer, et ce pour des raisons à la fois idéologiques et "gestionnaires".

Idéologiques, tout d'abord. C'est peu dire que les Blancs des Antilles n'acceptent pas l'abolition de l'esclavage et l'espèce de fin du monde -de *leur* monde- qui en résulte pour eux ; en témoignent abondamment les imprécations haineuses d'une Adèle Riby en Guadeloupe, ou les propos, sans doute moins excessifs en la forme mais non moins hostiles sur le fond, de Pierre Dessalles à la Martinique. L'Emancipation, certes, puisqu'il a été impossible de l'éviter, mais à condition que rien ne change, que tout revienne le plus vite possible à la situation "d'avant", afin de bien montrer *qui* sont toujours les *maîtres* de la société locale. Et pour cela, approcher d'aussi près que possible les conditions de travail et de coût de l'époque esclavagiste ; autrement dit, les anciens esclaves doivent continuer à travailler sur les mêmes habitations qu'en 1847, en fournissant la même quantité de travail qu'au temps de leur servitude, avec la même durée et la même intensité. Dans le cas contraire, ce sont des fainéants et des vagabonds en puissance, attitudes qu'il convient alors de réprimer sévèrement.

A fortiori, naturellement, ne saurait-il être question pour eux de venir négocier les termes d'un contrat de travail avec "leurs" Nègres. La notion même de marché du travail, sur lequel viendraient se confronter demande de bras des habitations et offre de leurs services par les affranchis, leur est totalement étrangère. A court terme, en gros pendant la dizaine d'années qui suit la proclamation de la Liberté, la société blanche créole est encore tellement traumatisée par le choc de l'Abolition et tellement peu ouverte au libéralisme, qu'il est totalement impensable pour les grands propriétaires que les conditions de travail et de rémunération de leurs travailleurs sur les habitations puissent être régies par les "lois du marché".

La seconde considération qui porte les planteurs à vouloir maintenir le plus possible le *statu quo ante* concerne spécifiquement la gestion de leurs habitations. Accepter le libre jeu du marché les conduirait directement à la ruine. Sur le terrain, en effet, le rapport des forces est très largement favorable aux "cultivateurs". Car même si l'immense majorité de ceux-ci est demeurée ou retournée sur les habitations, les quelques milliers qui sont finalement partis au lendemain de l'Abolition ont néanmoins contribué à aggraver la situation de déficit structurel de main-d'oeuvre dont souffrait déjà l'économie sucrière guadeloupéenne à la fin de la période esclavagiste. Et ceci d'autant plus que le mouvement se poursuit inexorablement sous forme d'un goutte à goutte ; le nombre de petits propriétaires nègres se situerait autour des 3.000 à 4.000 en 1851, on en compte 5.300 deux ans plus tard. Nous reviendrons sur ce point dans le paragraphe suivant. Pour le moment, notons que cette évolution va directement à l'encontre des intérêts les plus immédiats des planteurs, dans la mesure où elle détourne une fraction croissante de leur main-d'œuvre potentielle, ce qui met alors les affranchis en mesure d'exiger de leurs employeurs des conditions de travail et de rémunération dignes de leur nouveau statut d'hommes libres. "J'entends crier partout ... que nous manquons de travailleurs", note un observateur lucide en 1853, "mais la colonie renferme une immensité de bras qui ... pourraient être très utiles à la culture de la canne ... Si l'on veut que les travailleurs restent sur les habitations-sucreries, il faudrait leur faire un avantage pour les y retenir" ; avec le misérable salaire de 0,80 à 1 F par jour qu'ils y reçoivent, alors qu'ils peuvent gagner le double en cultivant des vivres, ils n'ont aucun intérêt à le faire.

Le problème est que les planteurs sont absolument incapables de dépasser ce niveau, qui représente déjà le double environ de ce que leur coûtaient quotidiennement leurs esclaves avant l'Abolition. Leur situation financière est désastreuse, leur endettement monstrueux et l'immense majorité d'entre eux produisent à perte. Pour redresser la barre, il faudrait qu'ils accroissent leur production, mais pour cela recruter des travailleurs, ce qui les enferme dans un véritable cercle vicieux ; les "lois du marché" jouent totalement contre eux, ils n'ont aucun moyen économique de retenir ou de faire revenir les "cultivateurs" sur les habitations.

Dès lors, pour renverser la situation en leur faveur, le seul moyen dont ils disposent est de solliciter l'intervention de l'Etat afin qu'il casse la résistance des affranchis et leur impose le retour à la "grande culture" dans des conditions de travail et de rémunération permettant de rentabiliser de nouveau l'exploitation des sucreries. Ce dont il s'agit ici, c'est non seulement de contraindre les nouveaux libres à se salarier sur les habitations, même quand ils peuvent faire autrement, mais surtout de le faire selon des termes fixés par les planteurs seuls et qu'ils refuseraient si les "lois du marché" jouaient librement. En somme une politique d' "organisation du travail", d'aucuns disent même de "police du travail".

La revendication sur ce point est relativement ancienne. Les planteurs la formulaient déjà à la fin de la Monarchie de Juillet, dans la perspective d'une Abolition inéluctable. Ils la ressortent en mars

1848 devant la Commission Schoelcher, mais en vain tant le rapport des forces politiques en métropole leur est alors défavorable.

Mais à partir du second semestre 1848, avec les Journées de Juin puis l'élection de Louis-Napoléon Bonaparte à la présidence, en décembre, s'amorce la dérive réactionnaire de la Seconde République, qui conduira finalement au coup d'Etat du 2 décembre 1851 et à la proclamation du Second Empire l'année suivante. Le balancier des forces politiques repart à droite, le gouvernement est désormais favorable aux grands propriétaires des colonies. Nommée en 1849 pour faire des propositions relatives à la mise en place d'un nouveau régime politique et administratif aux Antilles et à la Réunion, une commission, dans laquelle le lobby colonial est très solidement représenté, vient donner entière satisfaction aux revendications des planteurs ; ses propositions débouchent directement sur le décret du 13 février 1852 instaurant l' "organisation du travail" et le salariat contraint.

2. *L'ECHEC DU SALARIAT OBLIGATOIRE (1852-1860)*

2.1. Le décret du 13 février 1852

a) Salariat contraint et répression du "vagabondage"

Le décret du 13 février 1852 constitue le texte de base en matière d' "organisation du travail". Outre quelques dispositions très générales sur l'immigration, il a principalement pour objet de réglementer "les obligations respectives des travailleurs et des propriétaires, la police rurale et la répression du vagabondage" ; son objectif est clairement d'obliger les "cultivateurs" créoles à se salarier sur les habitations pour y travailler à des cultures d'exportation.

Ce texte prévoit que "tout individu ... n'ayant pas de moyens (propres) de subsistance et n'exerçant habituellement ni métier, ni profession" doit obligatoirement "travailler pour autrui". Pour cela, il a le choix entre deux modes possibles d'embauche. Soit l'engagement d'au moins un an auprès d'un propriétaire, sous forme d'un contrat d'apprentissage, de louage de services, d'association, de fermage ou de colonage partiaire. Soit le travail "au livret" pour les travailleurs employés à la tâche, à la journée ou par des engagements de moins d'un an ; directement inspiré du tristement célèbre "livret ouvrier" instauré en France en 1803, ce document, délivré par les maires, a pour objet d'enregistrer tous les engagements de travail contractés par son titulaire. Pour renforcer encore le contrôle de l'administration sur les travailleurs ruraux, un arrêté local du 23 octobre 1852 attribue aux maires des pouvoirs supplémentaires pour vérifier la réalité de leur travail "au service habituel d'autrui", tout en restreignant très sensiblement leur liberté de déplacement hors de la commune de résidence. L'objectif de ces dispositions est d'empêcher que, après s'être engagés sur une habitation uniquement dans le but d'obtenir un certificat d'engagement ou un livret, les "cultivateurs" ne disparaissent dans la nature une fois le précieux document en poche.

La non observation de ces dispositions expose les contrevenants à une répression "musclée". Le "cultivateur" qui n'a ni livret ni engagement d'un an au moins est automatiquement considéré comme vagabond et peut être condamné jusqu'à deux ans de prison par le tribunal correctionnel. Comme alors en France, en effet, le vagabondage est un délit, mais la définition qu'en donne le décret du 13 février 1852 est beaucoup plus large que celle du code pénal métropolitain, revenant en fait à réputer vagabonds tous ceux qui ne justifient pas d'un travail habituel *sur une habitation* et dans un rapport de dépendance envers le propriétaire de celle-ci. Autrement dit, le fait pour un petit paysan noir, même propriétaire d'une portion de terre, de défricher celle-ci, de s'y établir avec sa famille et d'y pratiquer des cultures vivrières pour son autoconsommation n'est pas considéré par le décret comme un moyen satisfaisant de subsistance et l'expose par conséquent à des poursuites pénales. C'est là une situation exorbitante du droit commun ; alors qu'en métropole, le seul fait d'être propriétaire suffit pour écarter l'accusation de vagabondage, aux Antilles, au contraire, on peut être à la fois propriétaire *ET* vagabond. Curieuse "spécificité locale" !

Autre disposition répressive exorbitante du droit commun : le pouvoir attribué aux employeurs en cas d'absence du travailleur ou de cessation de travail non justifiée, non seulement de retenir le salaire de la journée "perdue", mais en outre d'opérer une seconde retenue de même montant "à titre de dommages-intérêts", le "coupable" pouvant même être condamné à une amende pénale, voire à de la prison en cas de récidive. Il s'agit clairement ici d'obliger les "cultivateurs" à se *fixer* dans le salariat ; ils ne peuvent plus se contenter de venir sur les habitations quelques jours de temps à autre pour y gagner un complément monétaire de ressources, ils doivent y venir tous les jours et faire du salaire la principale, pour ne pas dire unique, source de leurs revenus. Autrement dit, se *prolétariser*.

En définitive, l' "organisation du travail" aboutit à l'établissement du salariat contraint, avec pour but avoué de permettre aux planteurs de redresser la situation en bloquant le coût du travail. Mais un second objectif, au moins aussi important pour l'oligarchie coloniale, apparaît également : maintenir inchangée, ou la moins changée possible, la stratification socio-raciale de la société antillaise, donc raffermir la position dominante de la plantocratie, profondément ébranlée par l'abolition de l'esclavage. Car, évidemment, même si cela n'est dit nulle part, cette réglementation de 1852 ne s'applique en fait qu'aux seuls habitants noirs des campagnes ; qui, donc, en effet, oserait arrêter un Blanc pour vagabondage, même s'il n'exerce habituellement ni métier, ni profession ? Par sa nature, fondamentalement raciste, l' "organisation du travail" rétablit l'ordre "normal" de la hiérarchie coloniale. Mais en même temps, par les réactions qu'elle suscite chez ceux qu'elle frappe, elle crée elle-même les conditions de son propre échec.

b) La résistance des "cultivateurs"

L' "organisation du travail" est mise en application entre juin et août 1852 sans trop de difficultés ; les incidents et cas de résistance ouverte sont peu nombreux et l'administration en vient assez facilement à bout par des démonstrations de force. Au cours des deux campagnes suivantes, la production et la productivité connaissent une sensible remontée, facilitée en outre par d'excellentes conditions climatiques ; en 1854, les deux chiffres dépassent même leurs niveaux de 1847 (*Voir tableau n° 1, p. 10*). Si l'on ajoute à cela que les salaires dans la canne demeurent bloqués aux taux journaliers de 0,80 à 1 F qui étaient les leurs en 1852, c'est donc apparemment à bon droit que le directeur de l'Intérieur Husson, cheville ouvrière et animateur exalté de tout ce processus, peut se flatter de sa réussite.

En réalité, c'est d'une victoire à la Pyrrhus dont il s'agit. Traités en ilotes, les anciens esclaves retrouvent tout naturellement leurs comportements de résistance de l'époque esclavagiste. Cette résistance revêt de nombreuses formes. Celle qui semble avoir leur préférence, en raison du statut de propriétaire qu'elle confère, est l'installation "en mornes" ou "en bois" comme petit paysan indépendant sur une parcelle vivrière. En principe, ce mode de vie ne permet pas de "justifier de moyens suffisants d'existence" ; pour les planteurs et l'administration coloniale, la culture des vivres n'est pas un véritable travail, mais seulement un moyen pour celui qui s'y livre "d'échapper à la police du travail en fournissant quelques journées bien rares au propriétaire le plus voisin et en déclarant que le reste de son temps est employé à la culture" de sa parcelle. Mais l'administration manque de moyens de contrôle, et surtout ce mouvement de constitution de la petite propriété est un mouvement de fond, qu'il est aussi impossible d'arrêter que la marée qui monte ; nous y reviendrons dans le paragraphe suivant.

Pour ceux qui n'ont pas la possibilité d'accéder à la terre, un moyen plus simple d'échapper à l' "organisation du travail" consiste à se glisser dans les failles du système. Par exemple, refuser systématiquement les engagements d'un an au moins au profit du travail "au livret", système moins contraignant et qui laisse malgré tout aux travailleurs une certaine marge de liberté dans le choix de leurs employeurs et dans la négociation de leurs conditions d'emploi ; selon les propres statistiques de l'administration, la proportion de ceux choisissant ce mode d'embauche est de 82 % au moment de l'instauration de l' "organisation du travail", et, malgré toutes les pressions exercées sur les "cultivateurs", elle ne descend jamais en dessous des 70 % par la suite. Ou encore s'installer dans une occupation permettant de justifier théoriquement de "moyens de subsistance". On assiste ainsi à une multiplication des petits métiers dans le microcommerce et l'artisanat : charbonniers, marchandes (de charbon de bois, de sirop, d'herbes ...), couturières, blanchisseuses, domestiques ... ; même si beaucoup de ces activités sont plus ou moins fictives et ne procurent que des revenus insignifiants, elles permettent au moins à ceux qui les exercent de sauvegarder leur liberté. Autre moyen de parvenir au même résultat : l'émigration vers les villes et les bourgs, où les possibilités d'emploi hors des travaux agricoles sont plus nombreuses tout en permettant d'échapper plus facilement aux contrôles ; de 1847 à 1862, la population de Pointe-à-Pitre augmente de 40 %, contre 7 % seulement pour celle de l'ensemble de la Guadeloupe.

Enfin, par-dessus tout, vient une énorme résistance passive ; "les Noirs opposent partout ... une force d'inertie contre laquelle toute législation vient se briser", note, désabusé, le directeur des Colonies du ministère en 1859. Les planteurs ne cessent de se plaindre des "cultivateurs" créoles, dénonçant leur "mollesse", leur "apathie", leur "paresse", leur "mauvaise volonté" dans l'accomplissement de leur travail, l'insuffisance et l'irrégularité de celui-ci, leur absence totale de respect pour les horaires de travail et, d'une façon générale, pour tous leurs engagements envers les propriétaires. Le sabotage du rendement se double en outre d'un mépris absolu pour la réglementation. Les travailleurs ayant, contraints et forcés, pris un livret n'en font aucun usage, le "perdent", le rendent inutilisable, "oublient" de le présenter au visa des maires, se font porter malades, etc ; un relevé de 1853 estime à 6.057 le nombre de journées effectives de travail fournies en un mois à Capesterre sur un total potentiel de 23.138, soit une "perte" de près des trois quarts.

2.2. L'échec de l' "organisation du travail"

a) Les médiocres résultats du décret de 1852 et "l'arrêté Husson" (1857)

Après quelques années seulement d'application, il apparaît clairement que l' "organisation du travail" n'a pas atteint ses objectifs.

Elle n'a, tout d'abord, pas réussi à mobiliser la force de travail aussi largement que l'auraient souhaité ses promoteurs. Husson lui-même doit avouer en 1854 que plus de 18.000 personnes qui devraient travailler sur les habitations vivent de revenus non salariaux agricoles ; cela représente près du quart de la population active créole potentielle.

Elle n'a pas non plus permis le redémarrage structurel de l'activité, même s'il y a à cela d'autres causes que la résistance des "cultivateurs" : obsolescence du système "du père Labat" (*Voir chap. IV*), difficultés financières des planteurs, irrégularités climatiques (pluies excessives en 1855, sécheresse en 1856 et 1858). Les excellents résultats de 1853 et 1854 demeurent sans lendemains ; au cours des campagnes suivantes, malgré la hausse du prix du sucre, malgré l'augmentation continue du nombre de travailleurs de la canne, résultant d'une immigration qui a enfin démarré (*Voir chap. II*), la production et la productivité demeurent constamment inférieures aux niveaux atteints alors (*Voir tableau n° 1, p. 10*).

Enfin, l' "organisation du travail" n'a pas permis de bloquer très longtemps les salaires. A partir de 1857, des tendances à l'augmentation commencent à se faire jour.

Pourtant, la répression est extrêmement brutale. Du 1er juillet 1852 au 1er juillet 1853, 2.789 condamnations sont prononcées par les tribunaux de simple police contre des "cultivateurs" créoles pour infraction au décret du 13 février 1852 ; pendant l'année 1855, 5.270, ce qui représente plus de 14 % du nombre total de travailleurs employés dans la canne ; en 1856, la moyenne des condamnations à des peines de prison prononcées par le tribunal correctionnel de Pointe-à-Pitre pour vagabondage se monte à 162 jours. Il est clair que, malgré tout l'arsenal répressif dont elle dispose, l'administration ne parvient pas à contraindre tout un peuple bien décidé à rester les bras croisés.

Avec une obstination digne d'une meilleure cause, le directeur de l'Intérieur Husson décide malgré tout de donner un "tour de vis" supplémentaire. S'inspirant du tristement célèbre "arrêté Gueydon", rendu le 10 septembre 1855 par le gouverneur de la Martinique dans le même but, il élabore un nouveau texte destiné à renforcer encore la "police du travail" ; c'est l'arrêté local du 2 décembre 1857, passé dans l'histoire de la Guadeloupe sous le nom d' "arrêté Husson" bien qu'il soit formellement pris par le gouverneur Touchard. Reposant sur le principe du "tout répressif", ce texte est orienté dans deux directions.

En premier lieu, colmater toutes les brèches qui subsistent encore dans l' "organisation du travail", de façon à rendre le dispositif complètement étanche et ne plus laisser aux "cultivateurs" d'autre possibilité que de se salarier sur les habitations. Les maires sont chargés, d'une part de vérifier la réalité de l'activité de tous ceux qui prétendent exercer une profession non agricole, et d'autre part de s'assurer que les "propriétaires cultivateurs" possèdent une superficie suffisante et y travaillent un nombre suffisant de jours pour pouvoir nourrir leur famille, l'appréciation étant, dans les deux cas, laissée à leur entier arbitraire ; si cette appréciation est négative, les personnes ainsi refusées doivent s'engager dans un "travail pour autrui". Comme la plupart des maires des communes sucrières sont des Grands-Blancs propriétaires d'habitations-sucreries, on peut imaginer dans quel sens se portent leurs décisions.

La seconde direction prise par l'arrêté Husson vise à subordonner encore plus étroitement les "cultivateurs" aux besoins de main-d'oeuvre des planteurs. En particulier, les travailleurs "au livret" ne pourront plus résilier leurs engagements à tout moment, comme prévu par le décret de 1852, mais devront attendre la fin de la campagne en cours. En outre, tout un ensemble de mesures sont édictées en vue d'augmenter la durée quotidienne et hebdomadaire du travail sur les habitations, mais sans accroissement concomitant des salaires. Le texte essaie même de ressusciter le travail de nuit, qui, en établissant des "journées" de 36 heures en continu, constituait l'une des pires exactions de l'époque esclavagiste.

Malgré la vive résistance qu'il suscite dans la population noire, ce texte est mis en application en force à coups de mesures répressives. En 1858, l'administration et les planteurs constatent avec satisfaction que les "cultivateurs" reviennent sur les habitations et y travaillent plus régulièrement. C'est l'apogée de l' "organisation du travail".

b) L'abandon de l' "organisation du travail" (1858-1860) et ses causes

Brutalement, en deux ou trois ans, tout le système s'effondre. Dès avril 1858, deux mois seulement après le départ de Husson, les dispositions les plus répressives de son arrêté sont abrogées. Au cours des deux années suivantes, la répression administrative et judiciaire à l'encontre des "cultivateurs" créoles diminue sensiblement ; désormais, le seul fait de ne pas se salarier sur une habitation ne suffit plus pour les accuser de vagabondage. A partir du début de la décennie 1860, le décret du 13 février 1852 cesse progressivement d'être appliqué à la population noire locale, remplacé par des contrats de droit commun, et il ne l'est plus du tout après 1870 (mais le demeure, par contre, pleinement aux immigrants). A ce moment-là, on peut dire que les travailleurs agricoles guadeloupéens sont vraiment libres de leurs travaux et de leurs jours.

Fondamentalement, l' "organisation du travail" s'est effondrée sous le poids de ses contradictions, de son inefficacité et de sa nature socialement intolérable. Sa disparition se situe au carrefour de tout un ensemble de causes à la fois internes et externes.

La première, et probablement la plus importante, réside dans la réaction de refus total et absolu des "cultivateurs" face à ce système oppressif et injuste. Après plus de dix ans d'une résistance acharnée et multiforme, ils ont fini par imposer "à l'usure" leur volonté de vivre librement. Les travailleurs "trouvent le moyen de dégoûter leurs engagistes", "ils lassent les employeurs qui sont forcés de les abandonner à eux-mêmes", se lamentent les planteurs, découragés. Au-delà de 1861, les plaintes à leur encontre cessent presque entièrement et, sauf au lendemain de l'épidémie de choléra de 1865-66, ne réapparaissent plus par la suite.

Mais il est vrai aussi que, seconde raison, si les planteurs cessent de se plaindre, c'est parce que l'immigration leur fournit désormais en grands nombres des travailleurs étrangers leur permettant de compenser les vides creusés dans leurs ateliers par la résistance et le départ des Créoles. De 1854 à 1861, 8.000 Indiens, 6.000 Africains et quelques centaines d'autres immigrants débarquent en Guadeloupe (*Voir chap. II*).

Le retournement de la conjoncture sucrière et la baisse des cours qui débute en 1858 (*Voir tableau n° 1, p. 10*) constituent un troisième facteur explicatif. Confrontées à la concurrence d'un sucre de betterave dont la production est en augmentation constante et les coûts en baisse accélérée, les vieilles habitations-sucreries ne sont plus compétitives (*Voir chap. IV*). Elles sont menacées d'élimination à plus ou moins brève échéance ; même une application de plus en plus "musclée" du décret de 1852 ne peut plus les sauver, comme le reconnaissent d'ailleurs les plus lucides des planteurs dès 1856, et il est impossible d'abaisser encore les salaires, parvenus probablement à leur minimum physiologique, sans provoquer des révoltes et une désertion généralisée des habitations. L'obsolescence économique du système "du père Labat" débouche automatiquement sur l'obsolescence sociale de l' "organisation du travail". C'est Le Pelletier de Saint-Rémy, grand défenseur des colons antillais et membre particulièrement actif de leur lobby en métropole, qui l'avoue en 1858 : "Cette réorganisation du travail ... a donné tout ce qu'on peut raisonnablement en attendre ... La production générale ne saurait y trouver que des ressources insuffisantes".

En quatrième lieu, le milieu des planteurs lui-même, jusqu'alors relativement homogène dans son aveuglement, est en train d'évoluer. Face à l'immense majorité de ceux qui s'illusionnent encore sur une possible survie du système "traditionnel" et se cramponnent désespérément à l' "organisation du travail" comme à une bouée de sauvetage, se dressent un petit nombre de gens lucides et dynamiques, comme le Dr Aman Souques à Beauport, S. Monnerot à Blanchet ou les frères Dubos à Courcelles, qui ont compris qu'il n'y a plus rien à attendre des moulins "du père Labat" et que le seul moyen d'éviter le naufrage total de l'industrie sucrière antillaise réside dans sa modernisation intégrale et la création d'usines centrales, ce qu'ils ont bien l'intention de faire dès qu'ils auront trouvé un financement. Et il apparaît alors que l' "organisation du travail", en bloquant les "cultivateurs" sur les habitations, constitue un obstacle à leur projet, parce qu'elle s'oppose directement à la mobilité de la force de travail qui leur sera nécessaire pour leurs futurs recrutements. Eux, au contraire, ont besoin de la concurrence, seule susceptible de leur assurer une "fluidité" suffisante du "facteur travail", et ils poussent donc à la fin du régime d'exception de 1852.

Enfin, c'est l'environnement politico-administratif global qui a changé. A "l'empire autoritaire" du début du règne de Napoléon III succède, à partir de 1860, un régime nettement plus libéral. En Guadeloupe, une fois parti, en février 1858, le directeur de l'Intérieur blanc-créole martiniquais Husson, l' "organisation du travail" perd son principal défenseur dans la haute administration de la colonie. Plus lucide et sans doute moins enfermé dans des schémas idéologiques d'un autre temps, le gouverneur Touchard réalise vite qu'il n'est ni possible ni souhaitable de combattre le désir de véritable Liberté des "cultivateurs" et que toute accentuation de la répression n'aboutirait qu'à la désertion généralisée des habitations et à l'effondrement de l'industrie sucrière. Autant, dans ces conditions, laisser jouer les forces du marché, même si c'est au détriment de la fraction la plus retardée, économiquement et idéologiquement, de la plantocratie.

3. LA "LOI DU MARCHE" : UNE PROLETARISATION INCOMPLETE (1860-1883)

3.1. Les conséquences de la création des usines sur la demande de main-d'oeuvre

A partir de 1860, le mouvement de création des usines centrales modernes, interrompu par la dépression post-abolitionniste, reprend en Guadeloupe ; en 1884, elles sont au nombre de 22, fournissant plus de 80 % de la production, en attendant la totalité quelques années plus tard (*Voir chap. IV*). Cela entraîne des conséquences directes sur la demande de main-d'oeuvre de l'industrie sucrière, tant à court terme, au moment de la création proprement dite, que structurellement.

a) Les conséquences immédiates

La construction des nouvelles usines centrales, l'agrandissement et la modernisation d'établissements plus anciens, l'expérimentation de nouveaux procédés de fabrication, enfin la création de moyens de transport maritimes et ferroviaires de grande capacité pour l'approvisionnement en canne des moulins, mobilisent des masses considérables de travailleurs, particulièrement entre 1863 et 1875, au plus fort de ce mouvement. Ainsi, les énormes travaux nécessaires pour construire Darboussier et son chemin de fer, en 1868, occupent près de 2.000 ouvriers pendant quinze mois. Les promoteurs de ces projets industriels ont du mal à recruter ; en 1864, par exemple, la construction du chemin de fer de Beauport est ralentie par "la difficulté de se procurer des travailleurs".

Naturellement, ceux-ci ne peuvent être pris que sur les habitations voisines. Les "cultivateurs" quittent en masse les habitations-sucreries pour les domaines des usines, qui offrent de meilleurs salaires, ou abandonnent les travaux agricoles pour s'embaucher comme ouvriers industriels. A court terme, l'apparition des usines ne se traduit donc que par des déplacements d'emplois et non par des créations nettes. Elle fait naître sur le marché du travail de très fortes tensions, encore aggravées par les conséquences catastrophiques de la terrible épidémie de choléra de 1865-66, qui fait un minimum de 12.000 morts sur une population totale de 149.000 habitants.

b) Les conséquences structurelles

Les considérables besoins de main-d'oeuvre des usines ne disparaissent pas une fois leur construction terminée. Au contraire, leur entrée en service accroît encore la demande de forces de travail, pour chacune d'elles en particulier et pour l'ensemble de l'industrie sucrière en général. Cette tendance résulte de l'interaction de cinq ordres de facteurs.

1) L'évolution de la conjoncture sucrière. La production est en augmentation constante au cours de cette période, passant de 33.000 tonnes en 1860 à 57.000 en 1884. Conséquence : la superficie de canne évolue dans le même sens ; elle n'était encore que de 18.000 ha en 1860, elle dépasse les 25.000 en 1882 et 1883. Il faut du monde pour planter, entretenir et récolter tout cela.

2) L'importance des besoins en matière première des usines. Leur capacité de production est sans commune mesure avec celle des anciennes habitations-sucreries ; là où celles-ci passaient en moyenne 1.500 tonnes de canne par campagne, 3.000 à 3.500 pour les plus grandes d'entre elles, il faut dans les 20.000 à 25.000 tonnes à un établisse-

ment industriel de dimensions moyennes, 30.000 à 40.000 pour une grosse usine comme Beauport, Blanchet ou Zévallos, et jusqu'à 90.000 tonnes pour Darboussier, la plus grande de toutes. Compte-tenu des investissements considérables qu'elles représentent, il est impensable, sauf accident climatique, de laisser de telles capacités sous-employées, en tout cas pas parce que la main-d'oeuvre a manqué pour produire la matière première nécessaire à une utilisation optimale des équipements ; rien de comparable à cet égard avec une habitation-sucrerie traditionnelle, dont le matériel est amorti depuis longtemps et qui, si elle manque de canne, démonte les ailes de son moulin et arrête tout simplement sa fabrication. Dans le cas d'une usine moderne, il faut absolument de la canne, et, pour la produire, recruter toute la main-d'oeuvre dont on a besoin, quel qu'en soit le coût.

3) Le rythme étroitement saisonnier de la fabrication. La canne se récolte pendant la saison sèche. Les usines allument généralement leurs feux dans la seconde quinzaine de janvier pour les éteindre au plus tard à l'extrême fin juin ou dans les tous premiers jours de juillet. Par contre, il n'est pas rare que les habitations-sucreries traditionnelles étendent leur campagne sur sept ou huit mois, parfois même jusqu'en octobre, en pleine saison des pluies, à cause des multiples difficultés auxquelles se heurtent depuis toujours les vieilles méthodes "du père Labat" : irrégularité du vent, difficultés d'approvisionnement en combustible (la bagasse sèche), main-d'oeuvre insuffisamment nombreuse pour pouvoir mener de front les travaux de la culture et ceux de la fabrication, etc. Mais une usine ne peut absolument pas faire de même, en raison de la nécessité d'utiliser pleinement sa capacité chacun des jours d'activité, sous peine de perdre de l'argent. Or, à la différence de la betterave, la canne ne peut pas être stockée ; une fois coupée, elle doit impérativement être fabriquée dans les 24 heures avant de commencer à fermenter. Les usines travaillent donc à flux tendus, ce qui les conduit, sauf récolte exceptionnellement abondante, à exiger de leurs fournisseurs une très forte concentration dans le temps de leurs approvisionnements ; elles ne peuvent se payer le luxe d'arrêter leur fabrication en attendant que leurs "adhérents" aient trouvé suffisamment de salariés pour achever la coupe. Par la nature strictement saisonnière de leur activité, les usines génèrent donc de très gros "coups de feu" en matière d'emploi agricole au moment de la récolte, là où les habitations-sucreries peuvent au contraire moduler davantage dans le temps leur demande de main-d'oeuvre. Le passage de celles-ci à celles-là entraîne donc l'apparition de besoins supplémentaires en forces de travail.

4) La reprise par les usines des habitations de leurs anciens fournisseurs de canne ruinés ou expropriés, qu'elles exploitent désormais en faire-valoir direct (*Voir chap. IV*). La constitution par elles de grands domaines fonciers n'est pas neutre pour ce qui concerne le volume de l'emploi. Il ne s'agit pas ici du simple remplacement d'un propriétaire par un autre, avec le même nombre de travailleurs se succédant un pour un aux mêmes postes pour y produire la même quantité de cannes. Au contraire, l'entrée d'une habitation dans la propriété usinière se traduit inévitablement par un accroissement de la production, et donc de l'emploi. En effet, ces habitations sont généralement en mauvais état parce que leurs anciens propriétaires, à bout de souffle financièrement, n'avaient plus les moyens de faire face à toutes les dépenses de faisance-valoir ; les plantations sont insuffisantes et mal entretenues, les cannes de médiocre qualité et la main-d'oeuvre n'est pas assez nombreuse. Pour les remettre en état de produire toute la canne qu'elles en attendent, les usines doivent donc dépenser beaucoup d'argent (reconstituer les plantations, acheter des animaux, des instruments de culture et des moyens de transport, parfois même reconstruire les bâtiments) et surtout embaucher des travailleurs agricoles ; de là une demande supplémentaire de main-d'oeuvre, qui va ensuite en s'accroissant au cours des campagnes suivantes, au fur et à mesure que la production de ces habitations se développe.

5) Enfin, les usines doivent recruter du personnel industriel. On peut estimer à environ 5.000 le nombre de travailleurs affectés à la fabrication et aux diverses opérations périphériques de celle-ci. Dans la plupart des cas, il ne s'agit que d'emplois de manœuvre, avec des conditions de travail extrêmement dures ; la fabrication se fait en continu, six jours et demi par semaine, avec deux équipes se relayant toutes les douze heures, sans oublier le bruit et la chaleur, qui peuvent être insupportables sur certains postes. Mais ces emplois industriels sont très recherchés, parce que ceux qui les occupent ont rompu avec l'habitation, ce qui constitue déjà une promotion et en fait, selon l'expression d'un contemporain, "une sorte d'aristocratie" ouvrière.

3.2. La réponse insuffisante de "cultivateurs" créoles

a) "Un assujettissement dont ils ne veulent plus"

Pour satisfaire leurs besoins croissants en forces de travail, les usines s'adressent tout d'abord à l'immigration, dont elles sont les principales bénéficiaires. De 1861 à 1885, la Guadeloupe reçoit plus de 34.000 Indiens destinés presque uniquement à la culture de la canne, qui fournissent la totalité de l'accroissement du nombre de travailleurs de la branche au cours de cette période (*Voir tableau n° 2*). Mais ce recours à la main-d'oeuvre étrangère ne permet pas de résoudre entièrement le problème. Celle-ci ne répond en effet qu'imparfaitement aux besoins des habitations. Les Indiens sont des êtres déracinés, marginalisés, soumis à un statut juridique infériorisant, affaiblis par des conditions de vie et de travail proches de l'esclavage, souvent maltraités. Leur productivité est donc médiocre, d'autant plus que beaucoup d'entre eux, anciens artisans ruinés ou chômeurs urbains, n'ont aucune expérience du travail agricole à leur arrivée en Guadeloupe. D'autre part, leur faible intégration dans la société créole et leur manque de qualification dans le travail de la canne font que toutes les tâches ne peuvent pas leur être confiées ; on ne leur donne que les travaux les plus pénibles et les moins qualifiés, ceux que les Créoles refusent absolument de faire. L'immigration présente en outre le défaut d'une très grande rigidité et d'une absence totale d'adaptabilité aux exigences à court terme de la production ; pour les planteurs, la main-d'oeuvre immigrée offre l'avantage d'être fixée sur les habitations et disponible à tout moment de l'année, mais en contrepartie elle est insuffisante pour pouvoir répondre d'une semaine sur l'autre aux gros "coups de feu" de la campagne. Enfin, l'immigration est coûteuse ; en gros la journée de travail de l'Indien revient à son employeur environ deux fois plus cher que celle du Créole. Nous reviendrons sur tout ceci dans le chapitre suivant.

Tableau n° 2

EVOLUTION ET REPARTITION DE L'EMPLOI AGRICOLE DE 1861 A 1882

	Nombre de travailleurs dans la canne				Dans les cultures		Pop. active créole potentielle (a)
	TOTAL	Immigrants	Créoles	% Créoles	"secondaires"	vivrières	
1861	44.009	13.023	30.986	70,4	4.969	10.788	79.743
1882	53.349	22.521	30.828	57,8	9.408	23.171	104.847

(a) Population dite "sédentaire" (ne comprenant pratiquement que des Créoles) de plus de 14 ans. Normalement, les immigrants font partie de la population "comptée à part". En 1861 toutefois, ils ont été inclus par erreur dans la population sédentaire ; nous avons rectifié.

Sources : *Statistiques coloniales* et *Annuaire de la Guadeloupe*.

Pour toutes ces raisons, les usines continuent d'avoir besoin de recruter des Créoles sur leurs habitations, et l'on voit d'ailleurs, sur le *tableau n° 2*, qu'ils demeurent constamment majoritaires dans la canne pendant toute la période. Mais la quasi-fixité de leur nombre, alors que la population active créole et l'emploi dans les cultures "secondaires" et vivrières augmentent de 31 et 155 % respectivement dans le même temps, prouve à l'évidence leur répugnance à s'engager dans la "grande culture". Ils ne le font que pour se procurer le revenu monétaire indispensable à la vie familiale, et presque uniquement comme journaliers, afin de sauvegarder leur liberté de choisir leurs employeurs et leurs conditions de travail et de rémunération ; "de nos jours, le cultivateur créole n'accepte plus la discipline de l'atelier", se lamente l'usinier Emile Le Dentu, propriétaire de Bologne, en 1883, "il n'accepte que le travail à l'entreprise, qui lui permet d'augmenter son salaire suivant ses forces et de travailler à sa guise". Les employeurs dénoncent le caractère irrégulier, peu suivi et "fantaisiste" du travail fourni par l'ouvrier agricole créole : "s'il fait beau, s'il fait sec, il va au travail ; si le lendemain, le temps a changé, c'est fini, il vous quitte", dénonce Ernest Souques, le principal usinier de la Guadeloupe (Beauport et Darboussier), toujours en 1883.

On ne saurait, naturellement, rejeter entièrement les considérations purement économiques pour expliquer un tel comportement. Les Créoles s'embauchent sur les habitations en fonction de leurs besoins, de la nature des tâches qu'on leur propose, du salaire qu'on leur offre, et du temps que leur laissent leurs propres cultures. Mais fondamentalement, la principale raison de leur refus est d'ordre psychologique. Après deux siècles d'esclavage et dix ans d' "organisation du travail", les "cultivateurs" rejettent le symbole même de ce passé haï que constitue l'habitation ; pour un ancien esclave ou fils d'ancien esclave, répond le conseiller général nègre Jean-Louis à Souques au cours du grand débat de 1883 sur l'immigration, retourner comme salarié dans la canne, c'est toujours peu ou prou retomber dans l'esclavage, et même si on augmente les salaires, c'est "un assujettissement dont il ne veut plus".

b) La constitution de la petite propriété

L'un des principaux facteurs qui permettent aux "cultivateurs" créoles de ne pas devoir absolument se salarier sur les habitations est qu'ils peuvent enfin accéder à la propriété. C'est l'aboutissement d'une tendance lourde qui se manifeste dès 1848, parce que, pour les nouveaux libres, l'accès à la terre constitue le prolongement normal et, reconnaît le directeur de l'Intérieur Eggimann en 1851, "le complément indispensable" de leur affranchissement. Mais jusqu'à la fin de la décennie 1850, le mouvement ne progresse que très lentement. Les "cultivateurs" sont bloqués sur les habitations par l' "organisation du travail", et de toutes façons il n'y a pas suffisamment de terres disponibles pour pouvoir s'y installer en masse ; l'ancienne structure foncière et sociale des habitations parvient tant bien que mal à survivre, et relativement peu d'entre elles sont mises en vente par parcelles avant la grande vague d'expropriations des années 1860.

Mais au cours de cette même décennie 1860, avec la fin de l' "organisation du travail", la population créole accède enfin à la mobilité, et le mouvement de constitution de la petite propriété tend à s'accélérer. Pour l'ensemble des cultures, le nombre de petits propriétaires serait passé de 5.300 en 1853 à environ 10.000 en 1875. Les "cultivateurs" s'installent sur les marges géographiques et écologiques des plantations sucrières, négligées jusqu'alors par les habitations (Régions sèches du Nord et de l'Est de la Grande-Terre et de Marie-Galante, zones de palétuviers, mornes et terres fraîches de moyenne altitude en Basse-Terre). D'autre part, la crise croissante du système "traditionnel" au cours de la décennie 1860 précipite la décomposition des anciennes structures foncières de l'époque esclavagiste (*Voir chap. IV*) ; beaucoup d'habitations sont morcelées et vendues à d'anciens affranchis par parcelles de quelques dizaines d'ares à 2 ou 3 ha. Les grands propriétaires ne parviennent plus à conserver la maîtrise de l'espace rural et un marché de la terre commence à se former, qui permet alors l'installation des "cultivateurs" dans les mornes.

En même temps, les planteurs et l'administration coloniale changent de discours et d'attitude à l'égard de la petite propriété ; non seulement, elle n'est plus combattue, mais sa constitution est même encouragée désormais. La principale motivation est d'ordre politique : "la petite propriété est la *soupape de sûreté* de la société coloniale", observe le gouverneur Touchard en 1858 ; on espère que la création d'une petite paysannerie constituera un facteur de stabilisation sociale de la population noire dans un sens conservateur, empêchant ainsi le développement des idées socialistes en Guadeloupe. Mais à côté, une autre considération se fait également jour : on commence à réaliser que, malgré l'exiguïté de leurs parcelles, cette multitude de petits planteurs peut facilement former une source non négligeable d'approvisionnement des usines en matière première.

Cette tendance des nouveaux libres à cultiver de la canne, d'abord comme moyen de se procurer un revenu monétaire, certes, mais sans doute aussi parce que c'est encore ce qu'il savent le mieux faire, apparaît dès le début des années 1850, mais jusqu'à la fin de la décennie elle est freinée par le manque de débouchés. Les habitations-sucreries ont leurs propres plantations et fonctionnent en autarcie pour leurs approvisionnements, et les usines ne sont pas assez nombreuses (Il n'en reste plus que neuf en activité dans tout l'archipel guadeloupéen). Mais avec la multiplication des usines centrales à partir de 1860, le mouvement tend à s'accélérer, parce que les débouchés existent désormais ; en 1874, les petits planteurs fournissent 10 % des cannes manipulées industriellement, en 1883, 13 %. Les usines encouragent au maximum ce développement de la "petite culture", en mettant à sa disposition des moyens de transport, en lui accordant des avances, en fournissant des instruments de culture et des engrais, et finalement, à la veille de la grande crise sucrière, en acceptant de payer les cannes en provenant au même prix que celles livrées par les grandes propriétés alors qu'elles sont généralement de moindre qualité. La principale raison de cette apparente générosité réside dans le fait que les cannes livrées par les petits planteurs coûtent généralement moins cher que celles que produisent les usines elles-mêmes sur leurs habitations. Mais il y a sans doute aussi une autre explication : en achetant leurs cannes, elles détiennent sur eux un moyen de pression ; on le verra bien lors des grandes luttes politiques et électorales de la fin du siècle, quand certains usiniers refuseront de prendre la récolte de petits planteurs qui avaient eu le front de ne pas voter pour le "candidat de l'Usine".

Le développement de la petite propriété est, d'autre part, à l'origine de l'essentiel de la croissance des cultures "secondaires" que l'on constate dans les décennies 1860 et 1870, même si, naturellement, de grandes habitations y contribuent aussi. Après la chute de la première moitié du siècle (*Voir tome I*), les superficies de café et de cacao recommencent à augmenter, passant respectivement de 1.600 à 5.200 ha et de 215 à 400 entre 1860 et 1883 ; le coton, pour sa part, est frappé de déclin structurel et ne cesse de diminuer en longue période, sauf pendant la guerre de Sécession aux Etats-Unis (1861-1865), quand la "famine du coton" qui paralyse alors l'industrie textile européenne entraîne une brève mais brutale reprise de sa culture (de 360 à 3.600 ha). Les cultures "secondaires" permettent aux "cultivateurs" de fuir le salariat dans le sucre tout en gagnant confortablement leur vie, en raison de la lente hausse des cours que l'on constate tout au long de cette période ; l'emploi créole dans ce secteur double presque alors qu'il stagne dans la canne (*Voir tableau n° 2, p. 29*).

c) Les vaines tentatives des usines pour fixer la main-d'oeuvre créole

Pour assurer la continuité de l'activité, les usiniers ont besoin avant tout d'une main-d'oeuvre stable, résidant en permanence sur les habitations, et sur laquelle ils puissent compter en toutes circonstances ; ils considèrent comme parfaitement intolérable de dépendre de ce qu'ils nomment la "fantaisie" ou le "nomadisme" de leurs travailleurs. Pour fixer ceux-ci sur les habitations, leur politique s'oriente dans deux directions.

En premier lieu, le développement du colonage partiaire. Un colon partiaire est un métayer ; c'est un travailleur agricole, petit planteur, salarié d'une habitation ou paysan sans terre, auquel le propriétaire d'un grand domaine confie une petite parcelle de terre pour qu'il la cultive en canne. Le colon effectue toutes les opérations culturales, labours, entretien et coupe ; le propriétaire fournit les engrais et assure le transport de la canne jusqu'au moulin. Le produit de ces cannes est partagé entre les deux parties, généralement par moitié ; toutefois, selon le rapport local des forces entre propriétaires et travailleurs agricoles et la plus ou moins grande abondance ou rareté de la terre et de la main-d'oeuvre, la part du colon peut varier entre un et deux tiers. Pour le propriétaire, l'intérêt du colonage est triple : d'une part, il lui permet de faire mettre en culture des terres éloignées et de médiocre qualité qu'il n'aurait certainement pas exploitées lui-même en faire-valoir direct ; d'autre part, il se procure à peu de frais un supplément de canne à manipuler ; enfin, il dispose en permanence d'un volant de main-d'oeuvre en cas de nécessité.

En second lieu, le recours aux "gens casés". Ce sont des ouvriers agricoles attachés aux habitations "d'une façon définitive". Pour les encourager à se fixer sur leurs propriétés, les usines créent à leur intention ce que l'ingénieur Emile Légier, en mission aux Antilles en 1904, ose appeler "de vraies cités ouvrières" (en réalité les infâmes "rues Cases-Nègres"), dans lesquelles ils sont logés gratuitement avec leur famille ; elles leur concèdent en outre un petit lopin de terre pour y cultiver des vivres et y élever quelques animaux. En contrepartie, ces ouvriers agricoles "ont l'obligation de ne pas travailler pour d'autre propriétaire que celui sur les terres duquel ils logent. Cependant, ... cette obligation (n'est pas) exclusive, et bien souvent, lorsque le travail n'est pas pressé sur une habitation, ils sont autorisés à aller travailler chez le voisin". Les usiniers ne voient évidemment qu'avantages à une telle formule, qui leur permet "d'avoir constamment sous la main une main-d'oeuvre facile" (E. Légier).

Jusqu'à la grande crise sucrière de la fin du siècle, ces deux formules n'ont guère de succès auprès des travailleurs créoles tant elles sont contraires à leur aspiration profonde à l'indépendance. Nous ne sommes pas renseignés pour l'ensemble des grandes propriétés de la Guadeloupe, mais à Darboussier, la principale usine de l'île, au milieu de la décennie 1880, sur 1.284 travailleurs agricoles de toutes origines et tous statuts *fixés* sur les habitations, pas même le tiers sont des Créoles (99 "casés" et 295 colons partiaires) ; tous les autres sont des immigrants. Si l'on ramène ces chiffres aux 4 à 5.000 journaliers travaillant habituellement sur le domaine, on mesure mieux la répugnance de la population locale pour des situations lui rappelant sans doute un peu trop le temps de l'esclavage.

d) Finalement, un marché du travail structurellement favorable aux "cultivateurs"

Fondamentalement, pendant tout le tiers du siècle qui suit l'Abolition, l'industrie sucrière guadeloupéenne est donc frappée par une insuffisance chronique de main-d'oeuvre. Ce n'était pas trop visible, ni trop grave pour les planteurs jusque vers 1860, dans la mesure où l' "organisation du travail", en bloquant plus ou moins le fonctionnement normal des "lois du marché", parvenait à peu près à maintenir *et* les affranchis sur les habitations *et* les salaires à leur minimum. Mais cela le devient ensuite.

Jusqu'en 1883, en effet, le marché guadeloupéen du travail se caractérise par une situation de constant déséquilibre au profit des "cultivateurs". Déjà sensible au début de la décennie 1860, en conséquence de la grande vague de création des usines, le manque de bras se transforme en une pénurie catastrophique après l'épidémie de choléra de 1865-66 et ses 12.000 morts ; malgré une très forte augmentation de l'immigration, il faut attendre 1873 avant que soit effacé le "trou" creusé alors dans la courbe du nombre de travailleurs agricoles. Puis, après quelques années d'un équilibre relatif, l'insuffisance de main-d'oeuvre réapparaît à partir de 1878, sous l'effet de l'envolée de la conjoncture sucrière qui caractérise les dernières années précédant le déclenchement de la crise. A la veille de celle-ci, la situation de l'emploi est plus tendue qu'elle l'a jamais été en Guadeloupe depuis 1848.

Naturellement, les travailleurs tirent le meilleur parti de cette situation. Pendant toute cette période, ils demeurent totalement libres du choix des habitations sur lesquelles ils s'embauchent, des travaux qu'ils acceptent de faire et de celui d'en changer tout aussi librement ; "la concurrence n'existe pas pour le cultivateur, qui n'a qu'à choisir et n'est jamais choisi", se lamente le journal des usiniers en 1881. Et surtout, leurs salaires tendent à augmenter. Les Créoles "n'acceptent que des salaires élevés, et il faut bien les leur octroyer car leurs services sont nécessaires", note le bulletin économique de la direction de l'Intérieur en 1869. Le taux journalier, qui se situait entre 0,80 et 1 F à la fin des années 1850 passe à 1,25-1,50 en 1875, après avoir peut-être même atteint les 2 F dans certaines communes au lendemain de l'épidémie de choléra ; il est à 1,80 en 1880 et on peut l'estimer entre 2 F et 2,20 F à la veille de la crise. En même temps, la durée quotidienne du travail sur les habitations tend à diminuer ; de dix heures dans les années 1850, elle serait tombée à sept au début de la décennie 1880. Pour les "cultivateurs" créoles, cette époque est marquée par une considérable amélioration de leur niveau de vie.

Finalement, jamais, jusqu'en 1883, les grands propriétaires ne sont parvenus à réduire les travailleurs créoles au salariat aussi totalement qu'ils l'auraient souhaité. La prolétarisation des affranchis et de leurs enfants est demeurée incomplète. C'est pour contrebalancer les effets, à leurs yeux intolérables, de cette situation qu'ils poussent si fort à l'immigration et à sa prolongation le plus longtemps possible.

CHAPITRE II

LE RECOURS A L'IMMIGRATION REGLEMENTEE

Ce n'est pas seulement parce qu'ils manquent de main-d'oeuvre que les planteurs mettent tant d'acharnement à réclamer l'organisation de l'immigration réglementée aux Antilles, mais également en raison des multiples avantages qu'ils en retirent dans la gestion de la force de travail, y compris créole, sur leurs habitations. Mais la mise en place de vastes courants de déplacements intercontinentaux de travailleurs est évidemment longue et compliquée. Il faut plus de dix années ponctuées d'expériences migratoires diverses, souvent ratées, parfois discutables, mais toujours difficiles, et une négociation serrée avec la Grande-Bretagne, pour que l'Inde s'impose définitivement comme la principale, et unique à partir de 1861, source de recrutement d'immigrants pour les colonies françaises. Après trois mois d'une navigation le plus souvent sans histoire, les Indiens débarquent aux Antilles, où ils sont brutalement confrontés à un "*new system of slavery*". Surexploités, soumis à toutes sortes de violences, mal nourris, mal soignés, frappés par une énorme surmortalité, ne bénéficiant pratiquement d'aucune protection contre les abus de leurs engagistes et incapables d'obtenir leur rapatriement à la fin de leur contrat, ils survivent comme ils peuvent avant de s'enraciner progressivement dans ce nouveau pays, devenu à leur corps défendant le leur et plus encore celui de leurs enfants. L'immigration indienne prend fin en 1884 à la Martinique et en 1889 en Guadeloupe, mais il faut attendre 1923 avant que soit définitivement consacrée l'intégration de ceux qui en sont issus dans la communauté antillaise.

1. LA MISE EN PLACE DANS LA DECENNIE 1850

1.1. Les causes de l'immigration : les avantages supérieurs aux coûts

a) Un système coûteux

Le recours à l'immigration entraîne pour les engagistes et pour l'ensemble de la collectivité guadeloupéenne un surcoût considérable par rapport à l'emploi, toutes choses demeurant égales par ailleurs, d'une main-d'oeuvre créole. On peut estimer à 31 millions de F l'ensemble des dépenses publiques et privées de toutes natures occasionnées par l'immigration en Guadeloupe entre 1855 et 1885. En apparence, cette somme peut sembler relativement peu importante, ne représentant même pas 5 % de la valeur totale des exportations de sucre au cours de cette période, mais c'est le contraire qui est vrai. En premier lieu, parce qu'elle correspond presque exactement au total cumulé (30 MF) de l'endettement à long terme des producteurs de sucre, bénéficiaires quasi-exclusifs de cette main-d'oeuvre, et du budget colonial dans la seconde moitié du siècle, et l'on peut donc raisonnablement penser que, sans cet engagement massif des planteurs et des pouvoirs publics dans l'immigration, leurs difficultés financières auraient probablement été beaucoup moins graves. Si l'on s'attache d'autre part aux seules dépenses publiques, il apparaît que celles en faveur de l'immigration, se montant à 15,5 MF, représentent non seulement la moitié du financement total de celle-ci, mais également 20 % de l'ensemble des dépenses publiques dans la colonie entre 1855 et 1885. On ne saurait mieux montrer à quel point l'immigration pèse lourdement sur toute l'économie guadeloupéenne.

Et il en va de même pour ce qui concerne ses bénéficiaires pris individuellement, alors pourtant qu'ils ne supportent que la moitié de sa charge. Selon diverses estimations contemporaines, le coût de la journée de travail de l'Indien serait, en gros, environ deux fois plus élevé que celui du Créole. Evidemment, il faut tenir compte du fait que beaucoup d'autres éléments entrent dans le coût de fabrication du sucre (achat des cannes, approvisionnements, salaires des Créoles, frais généraux, droits de sortie ...) ; n'oublions pas non plus que si les planteurs n'avaient pas eu d'immigrants à leur disposition, ils auraient forcément dû augmenter les salaires des travailleurs locaux, ce qui aurait réduit d'autant la différence. Mais au total, tout ceci considéré, on peut estimer que, par rapport à l'emploi de Créoles, le recours à l'immigration entraîne pour les domaines des usines un surcoût *comptable* de l'ordre des 5 à 6 % du coût total au début des années 1880.

Une telle différence n'est pas négligeable, et ses effets peuvent éventuellement être catastrophiques. A court terme, tout d'abord, sur un marché aussi fortement concurrentiel que celui du sucre en France et en Europe, elle peut suffire pour faire perdre un débouché. Sur une plus longue période, l'accumulation année après année de ces surcoûts finit par constituer des sommes importantes qui, tôt ou tard, viennent à manquer pour autre chose. A Darboussier, de 1869 à 1882, Ernest Souques, son propriétaire, doit s'endetter à hauteur de 1,8 MF pour financer ses investissements, pendant que, dans le même temps, il n'hésite pas à dépenser 2 millions supplémentaires pour avoir des Indiens ; le recours massif à l'immigration a largement contribué à fragiliser la situation financière des usines avant même le déclenchement de la grande crise sucrière de la fin du siècle.

A ce qui précède viennent en outre s'ajouter divers éléments impossibles à apprécier en termes purement comptables et qui contribuent à la formation du surcoût *économique* de l'emploi d'immigrants.

En premier lieu, l'état physique et sanitaire catastrophique de la population immigrante, peu et mal nourrie, peu et mal soignée, donc frappée (et ses employeurs avec elle) par un très fort absentéisme. Il en résulte, en second lieu, une énorme surmortalité qui diminue d'autant la durée de vie (de survie) active des immigrants après leur arrivée en Guadeloupe ; à Moule, 45 % des Indiens immatriculés dans la commune décèdent au cours des cinq premières années de leur séjour, avant, donc, que leurs employeurs aient amorti le coût de leur recrutement [1]. Enfin, la productivité du travail immigrant est faible, beaucoup plus, certainement, que celle des Créoles ; en 1875, un conseiller général de la Martinique estime qu'un travailleur créole "vaut à lui seul deux ou trois immigrants indiens". C'est évidemment la conséquence non seulement de leur mauvais état sanitaire général, mais également du fait qu'il s'agit d'une main-d'oeuvre peu motivée et travaillant sous la contrainte, donc au ralenti. L'Indien, note Schoelcher pour mieux combattre l'immigration, n'a "aucune espèce d'avantage" au travail ; tout ce qu'on lui demande, c'est "de la force productive, comme à la vapeur", c'est "un homme-machine", qui "n'est pas beau-

1. Nous reviendrons plus en détail sur tout ceci dans le troisième paragraphe de ce chapitre.

coup plus intéressé que la vapeur au succès ou l'insuccès de l'emploi qu'on fait de ses bras".

Au total, il apparaît donc que l'emploi d'immigrants en général, et d'Indiens en particulier, est extrêmement coûteux, beaucoup plus, certainement, que ce à quoi aboutirait le paiement de salaires élevés aux "cultivateurs" créoles. L'immigration aboutit ainsi à un énorme gaspillage de ressources publiques (les subventions du budget colonial au recrutement et au transport des Indiens jusqu'en Guadeloupe) et privées (son surcoût pour les employeurs).

D'où une conclusion incontournable : si les planteurs ont, malgré tout, recours à un tel système, c'est donc que ses avantages sont plus importants que ses inconvénients.

b) Les avantages de l'immigration : la maîtrise de la force de travail

Pour les planteurs, l'emploi d'immigrants présente un triple avantage, grâce auquel ils peuvent maîtriser presqu'entièrement la force de travail que ceux-ci représentent : dépendance, disponibilité, flexibilité, tous les ingrédients, en somme, de la prolétarisation parfaite.

En premier lieu, les immigrants sont dépendants. "Ce qu'on a voulu en 1852, ce qu'il faut encore aujourd'hui aux partisans de l'immigration", répond le conseiller général républicain Justin Marie aux usiniers en 1887, "ce ne sont point des travailleurs ..., ce sont des engagés non libres, des individus qui *ne sont pas aptes* (c'est lui qui souligne) à discuter les clauses de leur contrat". C'est la conséquence même de leur statut, déterminé par des règles administratives (c'est une immigration réglementée) et non par des contrats de droit privé ; ils sont "attachés à l'habitation" comme le serf du Moyen-Age européen l'était à la glèbe (inévitable comparaison faite par tous les contemporains), au point d'être vendus en même temps qu'elle et ramenés de force par les gendarmes s'ils s'enfuient (alors que le Créole après 1860 n'est plus explosé seulement qu'à un procès civil pour rupture de contrat). Principal effet en termes de coût de cette situation : leurs conditions de travail et de rémunération sont complètement déconnectées de celles des Créoles, elles échappent aux fluctuations du marché local de l'emploi ; en période de pénurie de main-d'oeuvre, comme c'est le cas après 1860, c'est un avantage non négligeable puisqu'il évite aux planteurs d'augmenter les salaires de la fraction indienne de leurs travailleurs.

Seconde caractéristique structurelle du travail immigrant : il est disponible. L'immigration fournit aux planteurs ce qu'ils souhaitaient avant tout au lendemain de l'Abolition et n'avaient pu obtenir des Créoles : une main-d'oeuvre stable. Logé et, en principe, nourri sur l'habitation, l'immigrant peut être requis à tout moment pour effectuer immédiatement un travail quelconque pour son engagiste, qui sans cela serait obligé de négocier plus ou moins longuement avec des travailleurs créoles leurs conditions d'emploi et de rémunération. "Il faut absolument ces immigrants sur les propriétés pour certains travaux réguliers auxquels les cultivateurs créoles ne veulent pas s'astreindre et qui ne peuvent attendre", justifie l'usinier Souques ; non seulement réguliers, d'ailleurs, mais également sales, pénibles et dangereux, ainsi que tous ceux qui exigent une présence permanente, comme donner des soins aux animaux.

Enfin, le travail immigrant est flexible, en donnant à ce mot le pire sens qu'il peut avoir à notre époque de mondialisation. A la différence du Créole, l'immigrant ne peut refuser les travaux qui lui sont ordonnés. Dans le contrat d'engagement qu'il signe à Pondichéry avant d'embarquer, il est expressément stipulé que l'Indien sera affecté "à tous travaux d'exploitation agricole et industrielle auquel l'engagiste jugera bon de l'affecter", tandis que le rapporteur lors du grand débat sur la suppression de l'immigration de décembre 1884 au Conseil Général de la Martinique note qu'on peut le mettre "au four et au moulin, à la charrue et à l'étable". C'est pour cela, note le gouverneur Pardon en 1894, que la main-d'oeuvre indienne est "plus appréciée, parce qu'elle est plus dépendante et par cela plus régulière et plus docile".

Disponibilité et flexibilité supérieures expliquent pourquoi l'activité est proportionnellement plus importante sur les habitations employant une main-d'oeuvre majoritairement immigrée, ainsi qu'il apparaît à travers le tableau ci-après.

Tableau n° 3

ACTIVITE COMPAREE DES MAINS-D'ŒUVRE CREOLE ET IMMIGRANTE SUR LES HABITATIONS

Groupe dominant sur les habitations	Nbre d'hab.	Nombre total de travailleurs stables	Sup. totale de canne, ha	Ha par travailleur
Créoles	17	717	532	0,74
Immigrants	61	2.304	2.539	1,10

Toutes habitations non intégrées dans le domaine foncier d'une usine (habitations-sucreries et simples plantations de canne).
Travailleurs fixés de façon stable sur ces habitations : Créoles "casés" ou sous contrat et immigrants ; les journaliers ne sont pas compris dans ces chiffres.

Source : Avis de mise en vente publiés dans la presse locale entre 1860 et 1884.

Le grand propriétaire employant une majorité d'Indiens n'hésitera pas à développer ses plantations, parce qu'il sait qu'il disposera toujours de la main-d'oeuvre nécessaire pour faire planter, entretenir et couper ses cannes. Inversement, celui qui n'a majoritairement que des Créoles sur son habitation sera beaucoup plus timide à cet égard, parce qu'il n'est jamais tout à fait certain de disposer, dans six mois, dans un an, des bras indispensables ; il n'a, en effet, guère de moyens de retenir des travailleurs créoles, même engagés pour une longue période, qui désireraient le quitter. Si l'on ajoute à tout cela que l'Indien est pressurable *ad nauseam* (*Voir paragraphe* 3), on comprend que, malgré les surcoûts en résultant pour eux, les planteurs n'aient jamais cessé de demander des immigrants.

c) L'immigration facteur de renforcement du pouvoir de la plantocratie

Au-delà de ses justifications économiques, essentielles, l'immigration s'explique aussi, et peut-être surtout, par une raison politique de fond : permettre au groupe des Grands-Blancs sucriers de conserver sa suprématie sur la société locale, en cassant la résistance des travailleurs créoles par l'introduction de la "concurrence des bras".

C'est dès le lendemain de l'Abolition que la question est posée en ces termes. Bien sûr, en ce temps de joyeuse pagaille, la préoccupation première des planteurs est de "ramener à un niveau juste et convenable le taux exorbitant des salaires", ainsi qu'osent l'écrire un groupe de propriétaires martiniquais en 1852. Mais derrière, se profile déjà le problème de la suprématie sur la société locale. L'immigration mettra fin à une situation dans laquelle "le Noir abuse de (sa) position, il est heureux de faire la loi", ainsi que l'accuse le colon Bonnet, "dur" parmi les durs, en 1851 ; grâce à elle, "le cultivateur indigène ne se sentira plus le maître du marché", ajoute Husson, trois ans plus tard.

A ce moment-là, de toutes façons, l'immigration, qui débute à peine, n'est encore qu'un objectif à terme, et c'est l' "organisation du travail" qui vient mettre fin aux "prétentions" des "cultivateurs" créoles "d'imposer leurs conditions aux propriétaires" (Gouverneur Fiéron). Mais une fois ce régime d'exception abandonné, l'immigration, qui a introduit entre-temps près de 15.000 travailleurs étrangers dans l'île, commence enfin à jouer le rôle que l'administration et les planteurs attendent d'elle. De 1860 à 1883, alors que la Guadeloupe est en situation de suremploi, l'existence d'un volant permanent d'Indiens fixés sur les habitations et fournissant régulièrement 30 à 40 % de la main-d'oeuvre employée dans la canne, limite les conséquences du manque de bras en freinant la hausse des rémunérations des travailleurs créoles. Mais à partir de 1884, avec le déclenchement de la crise sucrière et la montée du chômage (*Voir tome III*), l'immigration devient un facteur majeur d'effondrement des salaires ; celui de 0,50 F par jour (12,50 F pour 26 jours de travail) payé en principe aux Indiens sous forme monétaire ne tarde pas à être considéré par les usiniers comme un plancher vers lequel doit tendre la rémunération des Créoles. L'immigration est alors utilisée comme un moyen de contraindre ceux-ci à accepter des conditions de travail et de salaire qu'ils considéraient à bon droit comme inacceptables quelques années encore auparavant, au plus haut de l'expansion. Ainsi en 1888, le Syndicat des Fabricants de Sucre organise depuis la Barbade, surpeuplée, misérable et ravagée par la crise, une immigration soi-disant spontanée de travailleurs payés 0,60 F par journée de dix heures (contre 1 F à 1,25 pour une journée moins longue aux Guadeloupéens) et devant demeurer constamment sur les habitations à la disposition de leurs employeurs ; à ses adversaires qui s'indignent qu'on n'ait pas d'abord cherché à recruter sur place, le *Courrier de la Guadeloupe*, journal de l'Usine, répond très cyniquement que les usiniers seront heureux d'employer des travailleurs locaux plutôt que des immigrants s'ils acceptent les mêmes conditions qu'eux.

Mais plus encore que la "modération" salariale, c'est avant tout un objectif politique que poursuivent les partisans de l'immigration : maintenir inchangée la hiérarchie socio-raciale "traditionnelle", "normale", de la société locale, qui, sans elle, risquerait d'être complètement subvertie ; sans la "concurrence étrangère", s'exclame Souques au Conseil Général en 1888, "l'ouvrier" serait en mesure "d'imposer les salaires, de travailler à son heure, de s'adonner à telle tâche et de refuser telle autre, d'être, enfin, le *maître* de la situation".

Le mot souligné l'est par nous. Dans le contexte d'un pays et d'une société libérés de l'esclavage depuis quarante ans seulement, il n'est pas neutre, surtout dans la bouche de celui qui se considère sans aucune retenue comme le maître de la Guadeloupe. Au contraire, il montre clairement que l'immigration n'est pas seulement un problème économique, mais avant tout un enjeu de pouvoir. Et c'est bien ainsi, d'ailleurs, que le ressentent les contemporains, comme le montre ce propos, dans sa thèse de doctorat en Droit (1907), du juriste guadeloupéen Pierre Lacascade, qui connaît bien le sujet pour avoir vu son père participer à tous les grands débats sur la question depuis plus de vingt ans : "l'Indien coûtât-il plus cher, le colon propriétaire avait encore intérêt à le garder et à l'employer ; *c'était le moyen de tenir le Créole à distance*".

1.2. En attendant les Indiens

a) Le décret du 27 mars 1852 et la fixation du cadre réglementaire de l'immigration

Après que l'immigration libre pratiquée aux Antilles et à la Réunion aux lendemains de l'Abolition ait donné lieu à de multiples abus (*Voir point suivant*), la nécessité d'une réglementation se fait très vite sentir, afin d'éviter que se développent des pratiques s'apparentant à de la traite déguisée. L'immigration coloniale est une immigration réglementée.

Le décret du 27 mars 1852 "sur l'immigration d'Europe et hors d'Europe à destination des colonies françaises" constitue le texte de référence en la matière. Elle est placée sous la tutelle de l'Etat et ne peut avoir lieu qu'avec l'autorisation du ministre de la Marine. En contrepartie, il est prévu qu'elle pourra être subventionnée par des fonds publics. Le texte réglemente soigneusement les opérations de recrutement et d'embarquement, qui doivent être effectuées sous la direction et la supervision d'un agent public, l'agent d'émigration, nommé par le ministre. Tout un titre est également consacré au transport des émigrants et aux conditions du voyage, avec, manifestement, la préoccupation d'éviter ultérieurement de la part des Britanniques des accusations de traite déguisée.

Pour gérer l'immigration et assurer, en principe, la protection des immigrants est créé dans chaque colonie un *Service de l'Immigration*, rattaché à la direction de l'Intérieur. Celui de la Guadeloupe est progressivement mis en place entre 1854 et 1857. Il est dirigé tout d'abord par un "commissaire à l'immigration" jusqu'en 1878, puis, après un intermède incohérent de trois ans, par un "protecteur des immigrants", dont les attributions sont essentiellement administratives. Les fonctions opérationnelles sont exercées par les adjoints du chef du service (sous-commissaires, puis inspecteurs ou sous-inspecteurs), un par arrondissement, et surtout par un nombre variable, selon l'importance de la population immigrante, de sept ou huit syndics cantonaux, qui sont sur le terrain au contact des immigrants et de leurs engagistes. Sous cette composition, le service fonctionne jusqu'en 1895 ; il est progressivement démantelé ensuite, au fur et à mesure que diminue la population indienne, et disparaît définitivement pendant la première Guerre Mondiale.

b) Tentatives avortées et expériences sans lendemains

Tout au long de la décennie 1850, les exigences des planteurs en matière d'immigration sont telles qu'il se trouve même un gouverneur (Bonfils) pour en dénoncer "l'exagération". Ainsi en 1854, le Conseil Général, où ne siègent pratiquement que des grands propriétaires, n'hésite pas à réclamer comme un minimum l'introduction de 10.000 travailleurs en quatre ans ; et au cours des cinq années suivantes, le nombre de demandes d'immigrants déposées auprès de l'administration passe de 700 à plus de 27.000.

En réalité, tous ces gens n'ont aucune idée des problèmes que soulève l'organisation de flux aussi importants ; ils ne savent même pas quels immigrants de quelle origine ils préféreraient recruter. On tâtonne beaucoup ; d'où une multiplication des tentatives et des expériences qui, finalement, ne s'avèrent guère concluantes.

Le mouvement débute dans les semaines qui suivent l'Abolition, avec l'arrivée de quelques centaines de Noirs des îles anglaises voisines. L'administration met rapidement fin à ces recrutements, au motif qu'ils introduisent en Guadeloupe "des vagabonds et des mendiants" et non pas de "vrais" travailleurs. En réalité, c'est surtout parce qu'il s'agit de mouvements alternants et temporaires de gens qui viennent quelques semaines ou quelques mois, le temps d'une campagne sucrière, et non pas d'une immigration telle que la conçoivent les planteurs, visant à fixer durablement une main-d'oeuvre stable et dépendante sur les habitations. Ceux-là sont incontrôlables.

Entre 1849 et 1851, environ 500 Européens, recrutés essentiellement dans le Sud-Ouest de la France et en Allemagne, arrivent en Guadeloupe, chassés par la crise économique et/ou attirés par une propagande mensongère. C'est une immigration libre, partiellement subventionnée par l'Etat, qui désire alors accroître la population blanche des Antilles. L'expérience tourne vite court. Confrontés brutalement à des conditions de vie et de climat qu'ils ne soupçonnaient pas, soumis aux exigences excessives des planteurs qui, selon un témoin alors de passage aux Antilles, les traitent "comme des Nègres blancs", beaucoup de ces immigrants décèdent ou s'enfuient, et les autres sont rapatriés.

La première opération d'immigration effectuée en application du décret du 27 mars 1852 est celle organisée dès l'année suivante par un planteur de Capesterre du nom de Mahuzié. Moitié à ses frais, moitié grâce à une subvention du ministère de la Marine, il va en personne chercher des travailleurs dans l'île portugaise de Madère, alors ravagée par la surpopulation et la misère et dont les habitants émigrent en masse, notamment vers la Guyane britannique. Après bien des difficultés, il parvient à constituer un convoi de 188 personnes, qui arrive en Guadeloupe en mars 1854. La plupart d'entre eux sont rapatriés à l'expiration de leurs contrats et l'expérience n'est pas renouvelée faute de financement. Toutefois, un autre convoi en provenance des îles portugaises de l'Atlantique arrive en Guadeloupe en 1857 ; il est composé de 71 travailleurs recrutés dans des conditions rocambolesques dans l'archipel du Cap Vert par la Compagnie Générale Maritime. Aucun ne sera jamais rapatrié.

A la différence de leurs homologues d'autres pays de la Caraïbe, comme Cuba ou la Guyana, les planteurs de la Guadeloupe refusent de faire appel à des immigrants en provenance d'Extrême-Orient, en raison notamment du coût élevé de leur introduction et de la réputation détestable qui leur est faite dans toute la région ; les Chinois, déclare le rapporteur de la commission de l'immigration du Conseil

Général en 1854, sont "turbulents, violents, voleurs, querelleurs et même au besoin quelque peu (?) assassins". C'est d'autorité que le ministère de la Marine impose l'introduction d'un convoi de 428 Chinois, en 1859, tandis que 268 "Annamites" amenés par transports militaires sont débarqués entre 1866 et 1872. Mais dans les deux cas, l'expérience tourne court. Les premiers, qui ont été recrutés à la va-vite à Shanghai en pleine guerre civile et étrangère, sont pour la plupart des citadins inaptes aux travaux agricoles. Ils sont abandonnés à eux-mêmes par l'administration, qui ne sait qu'en faire, et aucun n'est rapatrié. Quant aux Vietnamiens, ce ne sont pas des migrants économiques mais des déportés politiques pour cause de résistance à la pénétration française en Indochine ; rebelles indomptables, qui ont déjà passé plusieurs années au bagne de la Marine, à Toulon, ils se rendent tellement insupportables que l'administration de la Guadeloupe finit par s'en débarrasser en les expulsant en Guyane.

Finalement, toutes ces vaguelettes migratoires ne permettent évidemment pas de résoudre les problèmes de main-d'oeuvre des planteurs. En premier lieu, parce que les travailleurs qu'elles amènent en Guadeloupe ne correspondent pas aux critères qui définissent le "bon" immigrant pour son engagiste : travail et docilité. Les Antillais des îles anglaises sont "des mauvais sujets", les Européens ont été "recrutés dans les cabarets du Gers", les Madériens sont "de bons travailleurs", mais "leur passion d'amasser ... les rend difficiles à conduire et provoque des différends fréquents entre eux et leurs engagistes", les Cap-Verdiens sont "intraitables", les Chinois sont "le rebut du Céleste Empire". Et surtout, parce qu'elles n'apportent de toute fa-çon pas suffisamment de forces de travail pour surmonter la résis-tance passive des Créoles : à peine 2.000 immigrants en onze ans (1848-1859), toutes origines confondues. C'est parce qu'elle échappe apparemment à tous ces reproches que l'immigration africaine va, après quelques réticences initiales, connaître un grand succès auprès des planteurs.

c) Un flux migratoire majeur : les Congos

Dans les premières années qui suivent l'Abolition, il est hors de question de recourir à l'Afrique pour recruter des immigrants à destination des colonies françaises. Non point tant, d'ailleurs, pour des raisons humanitaires (seul, pratiquement, Schoelcher avance cet argument), mais parce que ni les planteurs, ni l'administration n'y sont favorables.

Les premiers redoutent les conséquences qui pourraient résulter de la mise en contact d'Africains "sauvages" avec la population noire créole, qui serait alors confrontée "avec les éléments de son état primitif de barbarie". On craint que leur venue ne renforce encore la résistance des anciens affranchis ; ce serait "ajouter des Noirs aux Noirs, dont on accuse déjà les dispositions à l'inertie", note le directeur des Colonies en 1853. En décembre 1857, à la veille de l'arrivée du premier convoi, les Africains représentent à peine 9 % du nombre total d'immigrants réclamés par les planteurs.

De son côté, le gouvernement souhaite éviter avec la Grande-Bretagne les complications diplomatiques qui pourraient résulter d'une accusation de traite déguisée. Bien que théoriquement interdite depuis 1815, la traite négrière se poursuit en fait de façon à peine clandestine grâce à la complicité des pays esclavagistes américains (Etats-Unis, Cuba, Brésil ...) et à l'indifférence des Etats européens continentaux. Seuls les Britanniques conduisent une répression sévère de ce trafic, assimilé à de la piraterie, en entretenant des croisières de la *Royal Navy* le long des côtes africaines. Le Second Empire naissant, encore très isolé sur le plan diplomatique en Europe, ne peut pas se payer le luxe de se fâcher avec eux.

La France espère alors, il est vrai, que Londres va l'autoriser à recruter des *coolies* en Inde pour ses colonies (*Voir paragraphe* 2). Mais le refus britannique la conduit à changer d'attitude. En 1853, pour faire pression sur le Royaume-Uni, Napoléon III autorise le recrutement de travailleurs africains à destination des Antilles-Guyane et de la Réunion par "rachat préalable", une expression forgée pour la circonstance mais qui dissimule mal un achat pur et simple d'esclaves.

En effet, tous les navires autorisés à participer à ces opérations ne peuvent, en principe, recruter que des volontaires en état de liberté préalable à la signature de leur engagement. Mais en pratique, ceux qui leur sont présentés sont tous des gens razziés à l'intérieur du continent par des courtiers négriers africains puis conduits à marches forcées vers la côte pour y être vendus à des navires négriers *stricto sensu*, avec lesquels les recruteurs français sont en concurrence. En théorie, ils doivent alors, non pas *acheter* ces captifs, mais *racheter* leur liberté ; puis ceux-ci sont formellement affranchis et, en guise de reconnaissance, fermement "invités" à signer un papier qu'ils ne comprennent pas, par lequel ils s'engagent "volontairement" pour aller travailler comme salariés "libres" dans un pays situé de l'autre côté de l'océan et dont ils n'ont jamais entendu parler. On imagine que la différence doit être mince pour eux.

Après quelques expériences ponctuelles en 1854 et 1855, le gouvernement français décide, malgré les abus et les scandales auxquels elles ont déjà donné lieu, en particulier à la Réunion, de passer à un trafic de masse. En 1857, le ministère de la Marine conclut dans ce but une convention avec l'armateur marseillais Victor Régis, l'un des principaux animateurs du commerce "licite" français de l'huile de palme dans le golfe de Guinée, qui s'engage à introduire en six ans 5.000 immigrants africains en Guadeloupe et 7.500 à la Martinique. Régis fixe le siège de ses opérations à l'embouchure du Congo. Il crée tout un ensemble de bases organisées en réseau autour de la factorerie de Saint-Victor, son principal établissement, et branchées elles-mêmes sur les différentes routes d'arrivée à la côte des captifs razziés dans la région du Niari par le royaume vili (du nom de sa principale ethnie) de Loango, qui "approvisionne" la traite négrière, essentiellement américaine et portugaise, dans toute la région (*Voir carte n° 1*).

Toutes sortes de précautions sont prises pour assurer aux engagés un traitement "humain". Les opérations de Régis sont placées sous la surveillance de la Marine, les conditions de vie à Saint-Victor n'ont rien à voir avec celles des captifs enfermés dans les *barracons* des négriers, et, à l'exception des deux premiers convois, leur transport vers les Antilles ne saurait être sérieusement assimilé à de la traite négrière ; ils sont libres de leurs mouvements à bord, un médecin les accompagne, on ne compte en moyenne qu'un peu plus d'un passager par tonneau, là où les capitaines négriers entassent jusqu'à trois ou quatre captifs, et la mortalité moyenne dans les convois de Régis vers les deux îles se situe à 7,6 %, environ deux fois moins que sur les navires négriers. Ceci dit, cette émigration africaine conserve malgré tout, comme le note Guy Lasserre, "un air de famille inquiétant avec l'ancien commerce du bois d'ébène". C'est ce qui explique que les Britanniques aient mis tant de persévérance à obtenir son arrêt et aient fait pour cela les concessions nécessaires sur le recrutement des Indiens (*Voir paragraphe* 2).

De 1857 à 1862, Régis introduit 6.000 Africains en Guadeloupe et plus de 9.000 à la Martinique.

Carte n° 1

LES ETABLISSEMENTS REGIS AU CONGO

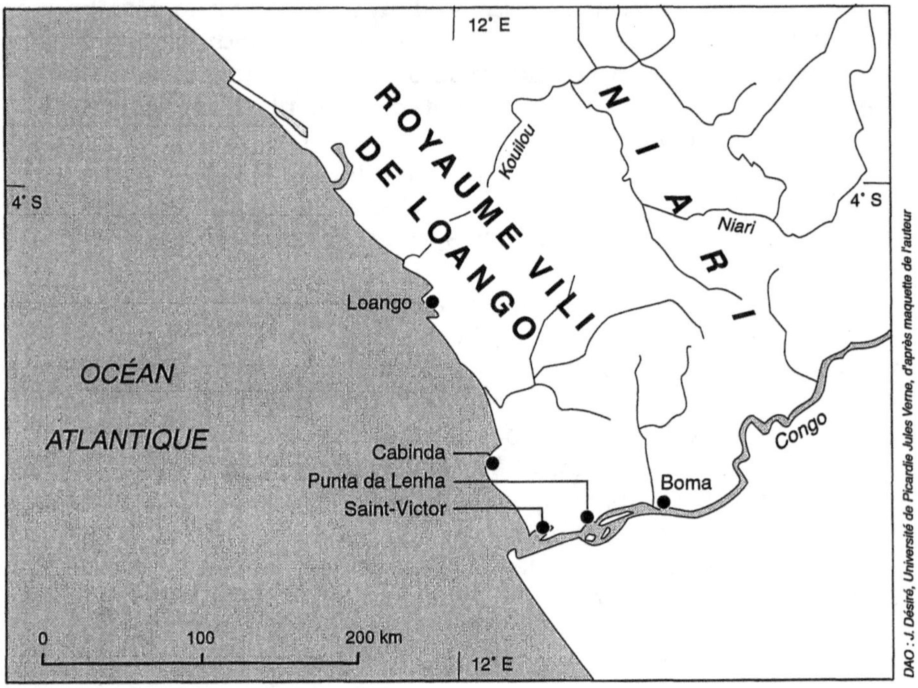

Sources : F. Renault et Ph. Martin

Tableau n° 4

L'IMMIGRATION CONGO AUX ANTILLES

	GUADELOUPE. Nombre de		MARTINIQUE. Nombre de	
	convois	arrivants	convois	arrivants
1857			1	290
1858	2	1.346	2	859
1859	4	2.113	4	1.950
1860	4	1.650	2	1.332
1861	3	957	4	1.735
1862			7	3.164

Sources : J. Cl. Blanche, F. Renault, B. David

Au début, c'est avec beaucoup de réticences que les planteurs accueillent ces nouveaux arrivants, qu'ils n'acceptent que contraints par le manque de main-d'oeuvre et le petit nombre d'immigrants reçus jusqu'alors. Mais très vite, la défiance fait place à l'enthousiasme. Les Africains sont les immigrants rêvés : plus résistants et plus travailleurs que les Indiens, quoique "moins intelligents" qu'eux, plus "dociles" et moins portés à se plaindre, engagés pour dix ans au lieu de cinq, acceptant volontiers les "vivres du pays" alors qu'il faut importer du riz pour nourrir les Indiens, ils constituent finalement le groupe d'immigrants dont l'emploi est le moins coûteux de tous. En outre, à la fin de leur engagement, aucun d'entre eux n'est rapatrié, et tous sont mis dans l'obligation de se rengager pour dix ans. Une fois ce second contrat terminé, les survivants s'établissent librement comme colons partiaires ou petits propriétaires et finissent par se fondre dans la population créole. Mais, malgré plusieurs demandes du Conseil Général et les démarches pressantes des élus antillais au Parlement, il ne semble pas qu'ils aient jamais pu accéder à la nationalité française.

Bien qu'ils aient eux-mêmes expédié vers leurs propres colonies antillaises entre 1844 et 1867 plus de 36.000 Africains provenant des navires négriers capturés par la *Royal Navy*, les Britanniques ont toujours considéré que les opérations de Régis au Congo n'étaient que de la traite déguisée, et mis une énorme pression sur la France pour qu'elle y mette fin. La négociation sur l'émigration indienne vers les colonies françaises (*Voir paragraphe* 2) permet au gouvernement de Londres de mettre le marché entre les mains de son homologue parisien : si vous voulez pouvoir recruter librement dans les territoires de l'Inde anglaise, vous devez d'abord arrêter l'immigration africaine. Ce qui se produit, effectivement : après qu'un engagement solennel ait été pris sur ce point par Napoléon III en personne, la convention sur l'immigration indienne est signée le 1er juillet 1861, avec entrée en vigueur le même jour de l'année suivante ; le dernier convoi de Régis quitte le Congo pour la Martinique le 30 juin 1862. Pendant encore une dizaine d'années, les planteurs réclament inlassablement le rétablissement de l'immigration africaine, mais en vain. Le retour de la République met définitivement fin à leurs illusions sur ce point.

De 1858 à 1861, il arrive en Guadeloupe davantage de Congos (6.000) que d'Indiens (5.800). C'est dire l'importance de ce courant migratoire. Il marque tout d'abord le début de l'immigration de masse dans l'île, et il fait d'autre part le "joint" chronologique et quantitatif entre la fin de "l'organisation du travail" et l'arrivée des gros bataillons d'Indiens rendue possible par la convention de 1861. Bien loin de n'être qu'un flux secondaire ou marginal, l'immigration africaine constitue en réalité un moment essentiel dans l'histoire économique et démographique de la Guadeloupe post-esclavagiste.

2. *DE L'INDE A LA GUADELOUPE*

2.1. Le laborieux démarrage de l'immigration indienne (1852-1861)

a) Pourquoi l'Inde ?

Près de 20 millions d'Indiens ont quitté leur sous-continent d'origine entre 1834 et 1917, essentiellement pour des destinations proches traditionnelles (Ceylan, Malaisie, Birmanie) ; 8 % seulement sont partis vers les colonies sucrières britanniques, néerlandaises et françaises de la zone intertropicale : Maurice, Réunion, Fidji, Natal et, pour environ 500.000 d'entre eux, Caraïbe (Antilles et Guyanes).

Même si, individuellement, d'autres explications peuvent être avancées (espoir d'une vie meilleure, volonté d'échapper à des formes sociales particulièrement oppressives, comme le servage ou l'intouchabilité, moyen de se constituer un pécule, fuite de la répression pour les anciens révoltés du grand soulèvement de 1857-58, -la fameuse "Révolte des Cipayes"-, ou tout simplement curiosité), globalement, par contre, et pris dans leur généralité, c'est d'abord leur immense misère qui pousse les Indiens à s'expatrier. Ceci est particulièrement vrai pour ceux qui s'embarquent en désespoir de cause pour des pays inconnus, situés de l'autre côté de "l'eau noire" (*Kâla Pani*), destinations lointaines dont on ne revient pas et où l'on ne sait ce qu'il advient des émigrants ; et les Antilles sont de celles-là.

La misère de l'Inde n'est évidemment pas apparue avec l'arrivée des Anglais, mais, au XIXe siècle, elle est considérablement aggravée par la brutalité du choc colonial. Le principal des bouleversements résultant de celui-ci réside dans le régime foncier et fiscal introduit après la conquête. L'Inde précoloniale ignorait la notion de propriété pleine et entière sur le sol, "à l'européenne". L'accès à la terre reposait, non pas sur des transactions marchandes, mais sur des droits pérennes d'occupation, découlant eux-mêmes de réseaux complexes de liens d'homme à homme en cascades, et matérialisés par des redevances foncières ; il n'existait pas de marché foncier, "car la terre n'était pas en général un bien individuel et dégagé des relations sociales" (J. Pouchepadass). Mais au lendemain de la conquête, à la fin du XVIIIe siècle, les Britanniques, pour parvenir à la constitution d'un tel marché, introduisent le droit de propriété foncière en Inde, puis, pour mieux asseoir leur domination et se faciliter la perception de l'impôt foncier, ils choisissent de s'appuyer sur une minorité de dominants locaux, détenteurs jusqu'alors de droits d'occupation sur des territoires très étendus (jusqu'à plusieurs centaines de milliers d'ha habités par des centaines de milliers de paysans dans certaines régions du Bihar), qu'ils transforment en propriétaires au sens européen du terme. Conséquence : l'immense majorité des paysans se trouvent brutalement privés de tous les droits sur le sol qu'ils détenaient jusqu'alors. Ce ne sont plus que de simples tenanciers des grands propriétaires, exploitables sans merci, tant pour ce qui concerne les redevances exigées d'eux qu'en raison de l'insécurité juridique pour les parcelles qu'ils cultivent, et dont le caractère précaire s'est considérablement aggravé par rapport à l'époque précoloniale.

En même temps, l'impôt foncier, qui était déjà fort lourd à l'époque de l'empire moghol, est porté à des niveaux écrasants par un pouvoir colonial désireux de "rentabiliser" sa conquête ; il ponctionne entre 50 et 90 % du revenu *brut* des terres (= frais de culture non déduits) selon les régions. Pour la perception, l'administration coloniale passe par les grands propriétaires qu'elle a créés. Ceux-ci sont taxés en bloc pour l'ensemble de leurs domaines, à charge pour eux de répercuter ensuite le fardeau fiscal sur les paysans y résidant. Comme ils sont eux-mêmes menacés d'expulsion au moindre retard de paiement, ils ont évidemment tendance à se "rattraper" sur leurs tenanciers. Ce qui n'empêche pas, d'ailleurs, les expropriations de se multiplier, tant sont excessives les sommes exigées par le fisc. En un demi-siècle, les structures foncières et sociales rurales sont complètement bouleversées. Les cadres sociaux "traditionnels" des campagnes indiennes sont éliminés de la terre et remplacés par une nouvelle classe de grands propriétaires indiens, enrichis le plus souvent par les retombées du système colonial, et qui se montrent encore plus durs pour les paysans que leurs prédécesseurs. Le processus est particulièrement brutal au Bengale et au Bihar, mais il aboutit partout dans l'Inde aux mêmes résultats : accentuation des inégalités dans l'accès à la terre et paupérisation accélérée des masses rurales, comme le montre la montée continue de l'endettement dans les campagnes.

On constate donc que l'introduction de la propriété et des mécanismes du marché dans les relations sociales et foncières, venant ajouter ses effets à ceux d'une fiscalité monstrueuse, entraîne la société rurale indienne dans un processus cumulatif de déstabilisation, puis de décomposition, qui pousse les paysans vers la prolétarisation et une misère sans cesse accrue jusqu'au milieu du XIXe siècle. La situation s'améliore ensuite légèrement à partir des années 1850, mais il est trop tard ; les énormes difficultés qui ont si durement frappé les campagnes indiennes depuis le début de la période coloniale ont déjà produit l'essentiel de leurs effets désagrégateurs sur la société rurale "traditionnelle", précipitant une destruction dont va se nourrir si fortement l'émigration au cours des décennies suivantes.

Les effets catastrophiques de cette évolution sont encore aggravés par le processus de "désindustrialisation" qui frappe le secteur de l'artisanat textile, sous l'effet de la concurrence des cotonnades importées d'Angleterre, produites à moindre coût selon des procédés mécanisés. Avec leurs métiers à tisser manuels, les artisans indiens ont de plus en plus de mal à résister ; ceux qui parviennent à survivre ne le peuvent qu'en travaillant de plus en plus longtemps pour un revenu de plus en plus faible. Il arrive finalement un temps où il devient impossible de tenir encore face à une telle situation. A ce moment-là, ils sont "mûrs" pour émigrer pour peu que l'occasion se présente ; on trouve d'anciens artisans urbains ruinés sur la plupart des convois quittant l'Inde.

Enfin, l'évolution de la conjoncture économique générale retentit directement sur le rythme des départs. La conjoncture agraire, tout d'abord. Dans la seconde moitié du XIXe siècle, l'Inde est frappée par 18 famines et disettes "sévères", affectant chaque fois des régions entières, dont les trois plus meurtrières sont celles de 1860-61, 1876-78 et 1896-97, qui font respectivement 2, 4 et 5 millions de victimes. A chacune d'elles, et plus généralement lorsque le riz manque et son prix augmente, il est très facile de recruter des émigrants ; inversement, en période de récolte abondante et de bas prix du riz, les agences d'émigration ont le plus grand mal à composer les convois. D'autre part, à partir de 1860, l'administration britannique entreprend une série de grands travaux (chemins de fer, bonification de terres agricoles, création d'un secteur de plantation -thé et coton- orienté vers l'exportation) qui entravent fortement les recrutements pour l'émigration coloniale dans les régions et les moments où ils ont lieu. Finalement, que ce soit par la destruction de la société "traditionnelle" ou par la (re)construction de l'Inde moderne, c'est bien, en dernière instance, l'impact de la domination coloniale qui constitue la cause majeure de l'émigration indienne au XIXe siècle.

b) Problèmes et difficultés d'organisation

Au lendemain de l'Abolition, on fonde de grands espoirs aux Antilles sur l'immigration indienne. Celle-ci a débuté en 1838 en Guyana, en 1845-46 dans les îles anglaises et en 1848 à la Réunion, où, croit-on en Guadeloupe, c'est grâce à elle que la production n'a que peu diminué alors. Avec sa population supposée "innombrable" et en accroissement rapide (environ 220 Mh en 1850, plus de 250 M en 1881), l'Inde apparaît comme un vaste réservoir de "ressources humaines", dans lequel il n'y a qu'à puiser pour se procurer toute la main-d'oeuvre dont ont besoin les colonies sucrières. Ce doit même être d'autant plus facile, pense-t-on en Guadeloupe, que la France possède dans le sous-continent cinq "comptoirs" à partir desquels peuvent parfaitement être organisés le recrutement et l'expédition d'émigrants (*Voir carte n° 2*).

En réalité, ce n'est pas facile du tout. Les Etablissements français de l'Inde ne sont que de minuscules enclaves et leur population n'est pas suffisamment nombreuse pour nourrir durablement des flux importants de départs ; sur l'ensemble de la période 1855-1885, 1 % seulement des Indiens débarqués en Guadeloupe sont originaires de Pondichéry et Karikal, et pratiquement aucun des trois autres comptoirs (Chandernagor, Yanaon, Mahé), à partir desquels l'émigration est quasiment impossible en raison des contraintes géographiques et

Carte n° 2

L'INDE COLONIALE DANS LA SECONDE MOITIE DU XIXe SIECLE

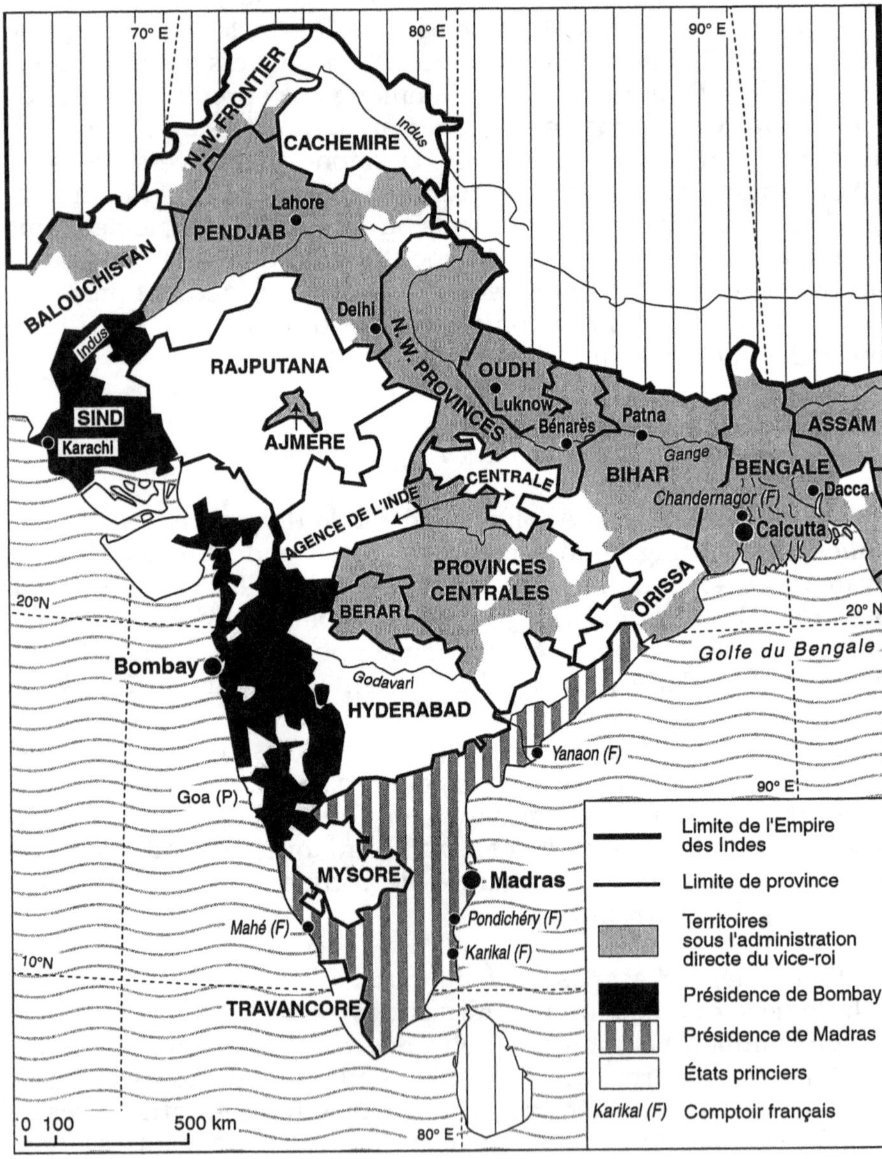

DAO : J. Désiré, Université de Picardie Jules Verne, d'après maquette de l'auteur

Source : *Atlas général Vidal-Lablache,* 1901

géopolitiques locales. Les recrutements à destination des colonies françaises ne peuvent donc être effectués que dans les territoires de l'Inde anglaise, et dépendent par conséquent très largement de la plus ou moins bonne volonté des autorités coloniales britanniques.

Or, de 1849 à 1853, celles-ci manifestent sur ce point une hostilité sans faille. En effet, contrairement à ce que l'on pense à Paris et aux Antilles, l'Inde, bien loin d'être surpeuplée, manque au contraire d'habitants pour mettre son énorme potentiel économique en valeur. Dans toute la présidence de Madras sont effectués des travaux "énormes" d'irrigation et de construction de chemins de fer qui emploient, écrit alors le gouverneur de Pondichéry, les travailleurs "par centaines de mille". C'est déjà contre son gré que l'administration locale laisse partir des émigrants pour les colonies anglaises ; pas question d'autoriser en plus la France à venir elle aussi y engager des *coolies*.

Par conséquent, les recrutements effectués à partir de Pondichéry et Karikal le sont clandestinement, en violation de la législation anglo-indienne sur l'émigration, suscitant les protestations, puis la répression de la part de l'administration britannique. Les incidents se multiplient autour des deux comptoirs entre les recruteurs "français" et la police anglo-indienne à propos des recrutements "sauvages" à destination de la Réunion.

La tension diminue très sensiblement à partir de 1854. La pression anglaise se relâche, les recruteurs des comptoirs français peuvent opérer sans trop de difficultés, mais leur activité demeure soumise à la bonne volonté des autorités britanniques, qui peuvent à tout moment y apporter des entraves plus ou moins paralysantes. Tant que cette incertitude demeurera, il sera impossible de développer une émigration de masse.

Entre-temps, toutefois, l'émigration vers les Antilles a enfin commencé. Le démarrage est évidemment laborieux, car, outre les difficultés de recrutement, il faut également résoudre les multiples problèmes organisationnels et financiers que pose la mise en place de relations entre deux régions du monde situées exactement aux antipodes l'une de l'autre et séparées par trois mois de navigation ; enfin, il faut attendre qu'ait été défini le cadre réglementaire des opérations (pas avant le décret du 27 mars 1852) et que la situation géopolitique se soit calmée autour des Etablissements français de l'Inde.

C'est au capitaine marseillais Auguste Blanc, qui a déjà commandé plusieurs convois à destination de la Réunion, que l'on doit l'arrivée des premiers Indiens aux Antilles. En 1852, il conclut avec le ministère de la Marine une convention pour l'introduction de 4.000 immigrants dans les deux îles. Il s'associe alors avec un armateur nantais, qui expédie en Inde les navires *ad hoc*. Malgré de sérieuses difficultés de recrutement, les deux premiers convois arrivent respectivement les 12 mai 1853 à la Martinique et 25 décembre 1854 en Guadeloupe (l'*Aurélie*, avec 314 passagers).

Mais à ce moment-là, le capitaine Blanc a déjà dû renoncer. Incapable de faire face aux multiples difficultés rencontrées, il cesse ses opérations. Pour le remplacer, le ministère choisit la maison Le Campion & Théroulde, de Granville, qui est alors l'une des principales sociétés d'armement en France. Deux conventions sont conclues avec elle en 1854 et 1855 pour introduire 3.000 Indiens en Guadeloupe jusqu'en 1857 et 10.000 à la Martinique jusqu'en 1858. Le Campion & Théroulde ont tout juste le temps d'expédier deux navires en Inde avant d'être rachetés par la Compagnie Générale Maritime des frères Péreire, ces grands parmi les grands du capitalisme français sous le Second Empire. Ceux-ci, qui désirent alors s'implanter dans le secteur de l'armement et du transport intercontinental, reprennent la flotte et les conventions de la maison granvillaise et poursuivent leur exécution. A l'expiration, en 1858, une nouvelle convention est signée avec le ministère de la Marine en vue d'introduire 3.000 Indiens par an dans chacune des deux colonies antillaises en trois ans, puis elle est prorogée jusqu'au 1er juillet 1862, de façon à faire coïncider son terme avec l'entrée en vigueur de la convention franco-britannique de l'année précédente (*Voir point suivant*).

Globalement, la CGM, devenue Compagnie Générale Transatlantique en 1861, s'acquitte très mal de ses obligations. De 1855 à 1862, elle n'introduit que 9.195 Indiens en Guadeloupe et 8.586 à la Martinique, alors qu'elle s'était engagée pour 16.500 et 21.600 respectivement. Il est vrai que ses opérations en Inde se heurtent à de nombreuses difficultés. Pour remplir ses navires, elle doit passer par une Société d'Emigraiton de Pondichéry, créée par les principales maisons de commerce de la place, qui dispose d'un monopole de fait sur les recrutements et fait chèrement payer ses services. D'autre part, l'amélioration de la situation économique générale et la multiplication des grands travaux dans la présidence de Madras diminuent très sensiblement le nombre de candidats au départ. Pour se rattraper, la CGM triche au maximum sur le nombre d'émigrants embarqués, sur les fournitures aux passagers et sur les frais facturés à l'administration ; c'est certainement à l'époque de son monopole que les conditions de transport des Indiens aux Antilles sont globalement les plus mauvaises.

c) La convention franco-britannique du 1er juillet 1861

Pour mettre fin à l'insécurité juridique qui entoure ses recrutements en Inde, tout en étant certaine de disposer d'un nombre suffisamment important d'émigrants vers ses colonies sucrières, la France propose très tôt à la Grande-Bretagne la conclusion d'une convention l'autorisant à recruter dans l'Inde anglaise des travailleurs à destination des Antilles-Guyane et de la Réunion. Les premières approches en ce sens datent de 1851-52, mais elles se heurtent tout d'abord à un refus très sec. C'est seulement après que le gouvernement français ait fait connaître son intention de "recourir largement à l'enrôlement de travailleurs africains, même par voie de rachat préalable" (*Voir paragraphe 1*), que celui de Londres, inquiet de voir se développer un trafic qui n'est à ses yeux que de la traite négrière déguisée, accepte l'ouverture de discussions. Celles-ci débutent en 1853 et 1854, mais n'aboutissent dans l'immédiat à aucun résultat.

Elles reprennent en janvier 1858 et se prolongent ensuite, avec des hauts et des bas ainsi que plusieurs interruptions, jusqu'en avril 1860. C'est la décision personnelle de Napoléon III d'autoriser le démarrage effectif de l'immigration africaine et la signature du "traité Régis", en mars 1857, qui conduisent les Britanniques à la table des négociations. Cédant au chantage français, ils vont faire le maximum de concessions pour obtenir l'arrêt de ce trafic. L'accord se fait assez facilement sur les problèmes techniques, pour lesquels sont retenues généralement des solutions intermédiaires entre les positions des deux parties : conditions et modalités des recrutements français en territoire britannique, conditions de transport, nombre maximum de passagers par tonneau, proportion de femmes, durée des engagements et conditions de rapatriement, durée de la convention elle-même et conditions de sa dénonciation. Par contre, les discussions coincent longuement sur deux points. En premier lieu, l'étendue des pouvoirs des consuls britanniques chargés d'assurer la protection des Indiens dans les colonies françaises : Londres voudrait qu'ils aient le pouvoir de visiter les habitations de leur propre mouvement, ce que refuse absolument Paris ; c'est finalement la partie anglaise qui fait la concession. Et surtout, la cessation de l'immigration africaine, exigée par la Grande-Bretagne alors que, sous les prétextes les plus divers, la France refuse obstinément pendant près de deux ans de s'engager clairement sur ce point, cherchant avant tout à gagner du temps pour permettre à Régis de poursuivre ses opérations le plus longtemps possible. Mais finalement, à l'issue de négociations "sur le fil du rasoir" et de beaucoup de contorsions sur le thème de la dignité outragée, Napoléon III accepte de donner satisfaction à la demande anglaise, ouvrant ainsi la voie à la conclusion officielle de la convention.

La signature, initialement prévue en juillet 1860, est repoussée d'un an, en raison de divers "cafouillages" intra-britanniques survenus entre Londres et le gouvernement de l'Inde, puis de problèmes de dernière minute soulevés par celui-ci. Elle a finalement lieu le 1er juillet 1861, avec entrée en vigueur le même jour de l'année suivante. Sa mise en œuvre effective sera relativement longue et difficile, en raison de l'obstruction et des multiples obstacles mis initialement à son application sur le terrain par les autorités de l'Inde anglaise, mécontentes de se voir imposer contre leur gré un texte qu'elles n'acceptent pas. Il faudra de multiples protestations de la France auprès du gouvernement britannique pour que cette situation cesse enfin. A partir de 1866, le problème de l'émigration indienne vers les colonies françaises sort de la sphère agitée des affaires d'Etat pour entrer dans le domaine paisible de la routine administrative.

2.2. Le recrutement des immigrants

a) Initiative et financement en Guadeloupe

Sauf rarissimes exceptions, les planteurs ne peuvent pas recruter eux-mêmes directement des immigrants en Inde et doivent obligatoirement passer par l'administration de leur colonie de résidence. La procédure s'ouvre par le dépôt d'une demande à la direction de l'Intérieur. Les demandeurs sont inscrits à leur rang sur la liste des ayants droit à une future "distribution" d'immigrants, et "servis" au fur et à mesure de l'arrivée des convois. Cette inscription est attribuée à l'habitation pour laquelle la demande a été faite et non pas à son propriétaire du moment ; pour éviter les trafics, elle n'est pas transférable et demeure attachée à l'habitation en cas de vente de celle-ci.

En vertu sénatus-consultes des 3 mai 1854 et 4 juillet 1866 sur l'organisation des pouvoirs publics dans les vieilles colonies, le Conseil Général est compétent pour tout ce qui concerne la gestion locale de l'immigration. C'est donc lui qui, chaque année, fixe le nombre d'immigrants demandés pour la campagne suivante et vote le budget de l'immigration. C'est un budget autonome, séparé du budget général de la colonie, par lequel transitent toutes les dépenses occasionnées par le recrutement, le transport et la gestion des immigrants en Guadeloupe, et en sens inverse toutes les recettes destinées à couvrir ces dépenses. Toute la stratégie des grands propriétaires bénéficiaires de l'immigration, qui, sauf entre 1880 et 1882, sont constamment majoritaires à l'assemblée locale, consiste à diminuer le plus possible leur propre participation au financement, et pour cela à renvoyer le maximum de la charge sur d'autres catégories de contribuables. Et ils y parviennent assez bien. Sur l'ensemble de la période d'immigration, ils ne supportent que 53 % seulement de son coût total ; les subventions publiques (Etat et budget colonial général) en financent 33,5 %, et le reste provient de diverses taxes et autres recettes pesant sur l'ensemble de la population.

Une fois fixé le nombre d'immigrants demandés, et dégagés les moyens de financement nécessaires, la demande est transmise en Inde par l'administration.

b) L'exécution de la demande en Inde

Tous les textes régissant l'émigration indienne vers les colonies sucrières, et notamment la convention de 1861 pour ce qui concerne celles de la France, interdisent les recrutements dans le territoire anglo-indien par des personnes privées. Ceux-ci ne peuvent être effectués que par l'intermédiaire d'organismes officiels, les *agences d'émigration*, instituées par les pays "d'accueil" et placées sous la tutelle des autorités britanniques de l'Inde, ou de l'administration des Etablissements pour celles installées dans les comptoirs français. Toujours dirigées par un Européen, elles ont pour principale fonction, outre l'organisation des recrutements, d'héberger, nourrir et soigner les engagés avant l'embarquement, de les empêcher de s'enfuir aussi, et elles disposent pour cela de divers bâtiments capables de recevoir de quoi constituer deux convois, soit 800 à 1.000 personnes.

Trois agences françaises sont créées en 1861-62, à Calcutta, Pondichéry et Karikal ; diverses tentatives faites à Madras, Yanaon, Mahé et Bombay échouent. Celles de Pondichéry et Karikal fonctionnent en tandem. Elles remplacent l'ancienne Société d'Emigration, interdite d'activité et dissoute à l'entrée en vigueur de la Convention.

Elles jouent un rôle particulièrement important dans la politique migratoire de la France en Inde parce qu'elles permettent d'échapper à la curiosité des Britanniques, une curiosité qui pourrait être d'autant plus gênante que les règles anglaises relatives à la surveillance des opérations et au traitement des *coolies* à bord sont généralement plus exigeantes que les françaises. Au total, 96 % des émigrants pour la Martinique et 84 % pour la Réunion, mais 65 % seulement pour la Guadeloupe, sont partis par ces deux comptoirs. Les autres ont été embarqués à Calcutta. L'agence française de ce port, après quelques années de fonctionnement vers la Réunion au début de la décennie 1860, cesse toute activité à partir de 1865, parce que les planteurs trouvent les immigrants qu'elle leur envoie de "mauvaise qualité". Elle recommence à fonctionner en 1873, mais presque uniquement à destination de la Guadeloupe, qui, seule, continue à lui réclamer des travailleurs ; c'est ce qui explique que 35 % des immigrants arrivés dans l'île proviennent de la plaine indo-gangétique (*Voir infra*), donnant aujourd'hui à sa population d'ascendance indienne des caractéristiques culturelles qui ne se retrouvent pas chez celle des autres DOM, essentiellement d'origine tamoule.

Après avoir été informées du nombre d'immigrants que les colonies sucrières désirent recevoir, les agences lancent leurs recruteurs ("*mestrys*" dans le pays tamoul, "*kanganis*" en Inde du Nord) à la "chasse". Ce sont tous des Indiens, provenant de tous les milieux ; ils doivent être approuvés par les autorités coloniales en charge de l'émigration dans le port d'embarquement pour lequel ils recrutent. Les *mestrys* de Pondichéry et Karikal opèrent principalement dans les districts tamouls situés dans l'arrière-pays des deux comptoirs (*Voir carte n° 3*). Par contre, ceux de l'agence de Calcutta ne sont pas basés dans ce port lui-même, mais dans neuf sous-agences organisées en réseau dans toute la moyenne vallée du Gange, entre Patna et Delhi, où ils ramènent d'abord leurs recrues avant de les expédier vers le Bengale (*Voir carte n° 4*).

Les recruteurs arpentent tous les lieux fréquentés par des foules nombreuses (gares, marchés, foires, temples, lieux de pèlerinage, comme Bénarès et Mathura, etc) à la recherche de ce que le consul britannique à Karikal appelle, en 1877, "leurs proies". Comme tous les recruteurs de toutes les agences "chassent" à peu près dans les mêmes endroits, et comme ils sont payés "par tête" d'engagé, la concurrence est rude, et tous les moyens sont bons pour parvenir au résultat souhaité ; il n'est de "tromperie que la ruse des recruteurs n'ait conçue et

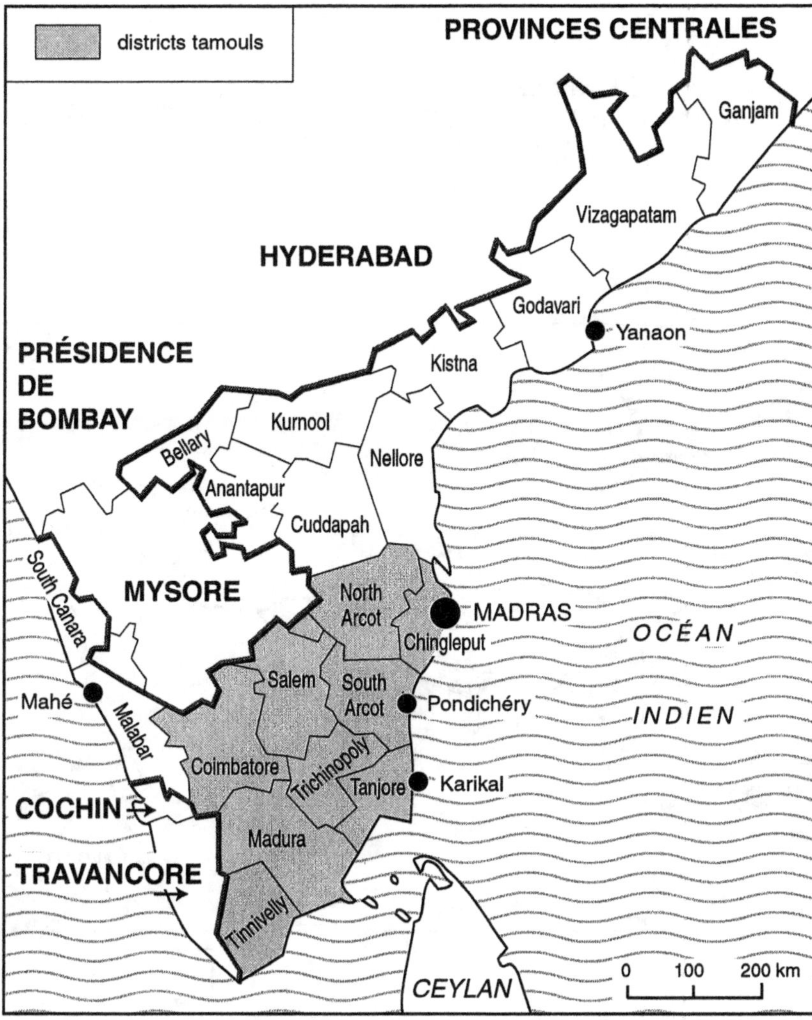

DAO J. Désiré - Université de Picardie Jules Verne, d'après maquette de l'auteur.

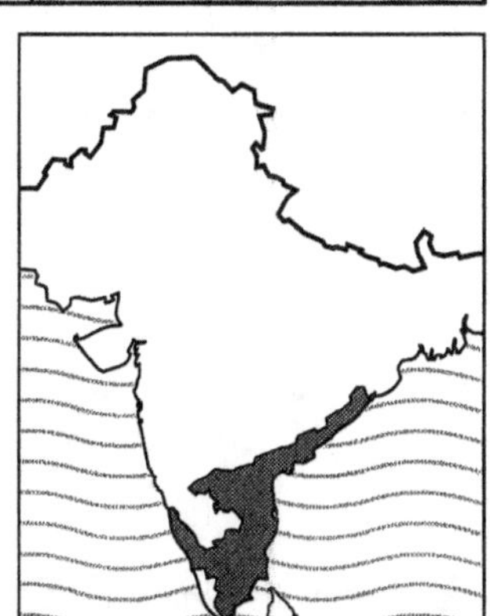

Source : d'après Darma Kumar

Carte n° 4

LE RESEAU DE RECRUTEMENT DE L'AGENCE FRANCAISE D'EMIGRATION DE CALCUTTA DANS LA PLAINE INDO-GANGETIQUE

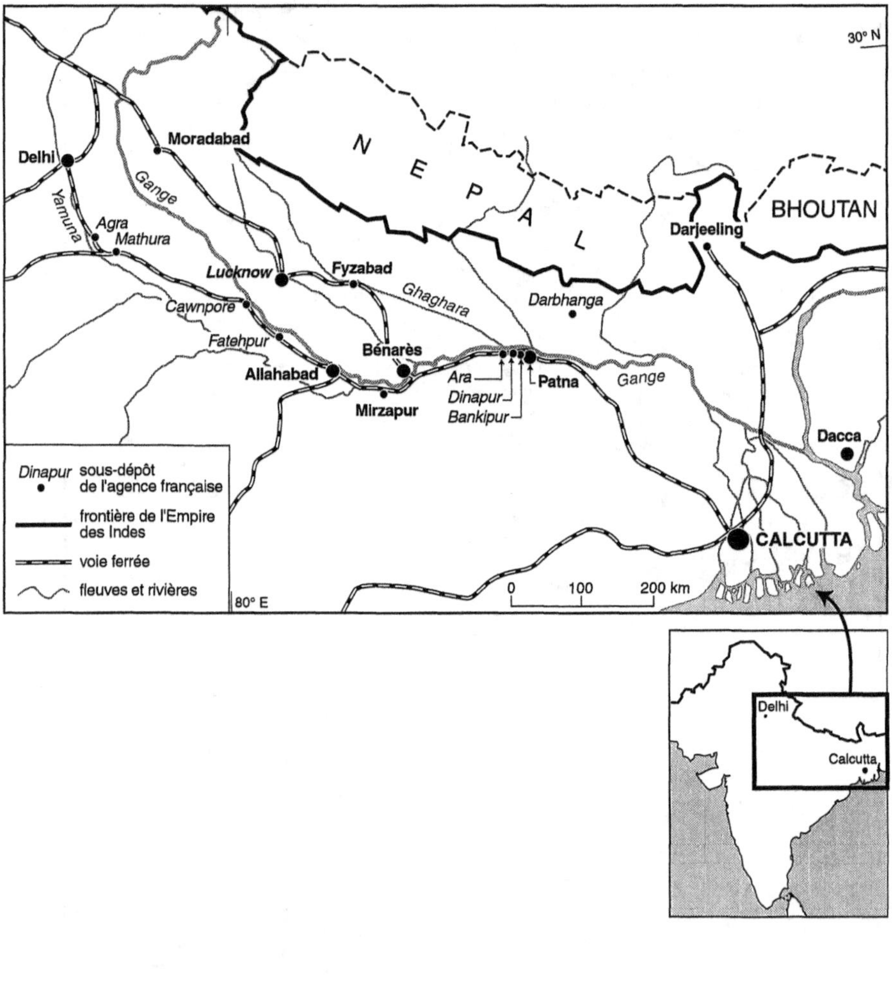

Sources : *Rapports Grierson* et *Pitcher*

mise en œuvre", note ce même fonctionnaire britannique. Leurs méthodes s'apparentent le plus souvent à du racolage pur et simple, en mentant systématiquement sur ce qui attend les émigrants dans les pays "d'accueil", présentés évidemment comme des eldorados ; on dit à chacun ce qu'il a envie d'entendre : "Aux journaliers agricoles sans travail, le recruteur fait miroiter les tâches faciles, un salaire élevé et la possibilité d'acquérir des terres ; aux petits exploitants expropriés, la chance de faire de grosses économies et de revenir en Inde s'installer comme grands propriétaires ; aux marginaux, fautifs et hors-la-loi, il promet l'impunité et la chance de refaire leur vie ; aux brahmanes dignes et instruits, un titre de maître d'école ou un poste dans l'administration ; aux différents artisans, la possibilité d'exercer leur métier dans les meilleures conditions ..." (Singaravélou). Les hésitants sont conduits dans un débit de boisson où on les fait boire jusqu'à ce qu'ils cèdent, parfois même le recruteur va jusqu'à leur offrir les services de prostituées en échange de leur signature ; par contre, même si beaucoup d'histoires circulent à ce sujet en Inde et dans la Caraïbe, les cas d'enlèvements violents sont extrêmement rares.

Une fois leur accord obtenu, les futurs émigrants sont conduits devant l'administrateur du district ("*District magistrate*") pour y être enregistrés. Le magistrat doit s'assurer qu'ils s'engagent de leur plein gré et en toute connaissance de cause, mais, le plus souvent, il n'en fait rien faute de temps et l'opération demeure purement formelle. Puis, solidement encadrés, les engagés sont acheminés en train vers le port d'embarquement, où ils sont enfermés dans le dépôt de l'agence en attendant le moment du départ.

La durée de l'attente varie de quelques jours à six mois selon l'état de préparation des convois et la disponibilité des navires ; la moyenne tourne le plus souvent autour d'un mois. Les recrues sont d'abord soumises à une visite médicale ; les trop malades ou trop faibles sont renvoyés, ainsi que tous ceux appartenant à des catégories "à problèmes" (brahmanes, castes d'écrivains ou de commerçants inaptes au travail agricole, fakirs, etc). En ajoutant à ces refusés ceux qui parviennent à s'enfuir ou qui sont relâchés pour des raisons diverses, ce sont entre 10 et 20 % des arrivants dans les agences qui ne partent finalement pas. Les autres sont d'abord vaccinés contre la variole, puis ils passent leur acte d'engagement officiel avec l'administration, au cours d'une cérémonie collective bâclée où ils n'ont pratiquement pas la possibilité de refuser, et ils reçoivent alors une avance sur salaire. Ces dépôts sont des lieux de violence et de désespoir ; les *coolies* y sont enfermés pour éviter qu'ils s'enfuient, ils se font extorquer leurs avances par les *mestrys* de l'encadrement, et l'administration laisse faire. Enfin, quand le navire est prêt, ils sont conduits au port pour y être embarqués après un ultime examen par le médecin accompagnateur du convoi.

c) Résultats des recrutements

De 1854 à 1888, 44.553 émigrants ont quitté l'Inde pour la Guadeloupe. Voyons maintenant qui ils sont.

Nous sommes bien informés sur ce qui concerne leurs origines géographiques. Pour la presque totalité, ils proviennent de deux grandes régions du sous-continent indien (*Voir carte n° 2, p. 56*). En premier lieu, très majoritairement (60 % du total des départs), les districts tamouls de la présidence de Madras, formant l'actuel Etat de Tamil Nadu (*Voir carte n° 3, p. 63*), auxquels vient s'ajouter un petit 1 % d'originaires de Pondichéry et Karikal, qui appartiennent au même groupe linguistique. Le second grand bassin de recrutement est constitué par les trois provinces de la moyenne vallée du Gange, fournissant ensemble près du tiers des départs : North Western Provinces et Oudh, réunies aujourd'hui dans l'Etat d'Uttar Pradesh (17,1 et 3,9 % respectivement), et Bihar (10,9%). Le Bengale, malgré la densité très élevée de sa population, ne fournit pratiquement pas de recrues ; Calcutta est une ville d'embarquement et non pas de recrutement. Enfin, les quelques 6 % restant proviennent d'un peu partout de la côte orientale et du Sud du Deccan (Mysore, actuels Andhra Pradesh et Kerala).

Par contre, les origines sociales et religieuses nous échappent très largement. Nous ne sommes relativement bien renseignés sur ce point que pour les départs par Calcutta : 15,1 % de recrues pour la Guadeloupe sont des Hindous de hautes castes, 26,1 % appartiennent à des castes "respectables" d'agriculteurs, 6,6 % à des castes d'artisans, 36,8 % relèvent de basses castes, et 15,4 % sont des Musulmans. Il semble que ces derniers soient moins nombreux dans les convois partis de Pondichéry, mais inversement que la proportion de membres des basses castes y soit plus élevée. Il est vrai que tout ceci n'a guère d'importance pour l'administration et les planteurs, qui destinent tous les Indiens à tenir la houe et le coutelas, quelle qu'ait été leur vie antérieure. N'oublions pas, d'autre part, que caste et profession ne se recouvrent que très imparfaitement ; de fait, malgré les plaintes des planteurs sur la "qualité" des *coolies*, qui ne seraient d'après eux que "des ramassis de vagabonds qui n'ont jamais travaillé la terre", "le rebut", "l'écume des villes et des ports de l'Inde", les agriculteurs forment bien la majorité des recrues.

S'agissant enfin de la composition par sexe et par âge, le décret de 1852 et la convention de 1861 imposent aux agents d'émigration d'embarquer une proportion minimum de femmes par convoi, entre 12,5 et 16,6 % pour le premier de ces deux textes, 28,5 % pour le second. Cette obligation est extrêmement difficile à respecter, parce que, en général, les femmes n'émigrent pas dans l'Inde du XIXe siècle ; aussi embarque-t-on sans trop y regarder toutes celles qui se présentent. Pour ce qui concerne l'âge, la limite se situe à 30 ans pour les femmes et 35 ou 36 pour les hommes. On recrute de préférence des jeunes adultes, afin de fournir aux planteurs ce qu'ils recherchent en faisant venir des immigrants : disposer immédiatement de forces de travail capables physiquement d'effectuer les travaux les plus durs de la culture de la canne. Mais on ne refuse pas pour autant les enfants accompagnant leurs parents et les adolescents, qui constituent aujourd'hui les "cultivateurs" de demain (*Voir planche n° 1).*

2.3. Le transport

a) Le navire

Les navires qui transportent des émigrants de l'Inde vers les colonies sucrières sont qualifiés de *coolie ships*. Au début, ce sont toujours des bâtiments de commerce ordinaires ne pratiquant qu'épisodiquement ce type d'activité, qui sont sommairement aménagés pour un voyage en vue d'acheminer des hommes à côté des marchandises, pour ne pas dire entre les marchandises, dans de détestables conditions d'entassement et d'inconfort. Mais au cours des années 1860, avec l'accélération de l'émigration indienne intercontinentale, une nouvelle génération de navires spécialement conçus pour celle-ci commence à apparaître. A partir de 1870, le transport des Indiens devient une activité à part entière, même si, naturellement, les bâtiments qui y sont affectés peuvent aussi, éventuellement, faire autre chose dans l'intervalle (transport de troupes, retour avec des marchandises, etc) ; la plupart du temps, ils font constamment l'aller-retour entre l'Inde et les colonies sucrières, emportant des émigrants dans un sens et des rapatriés dans l'autre.

Planche n° 1 – *PYRAMIDE DES AGES DES ARRIVANTS INDIENS A MOULE DE 1861 A 1885*

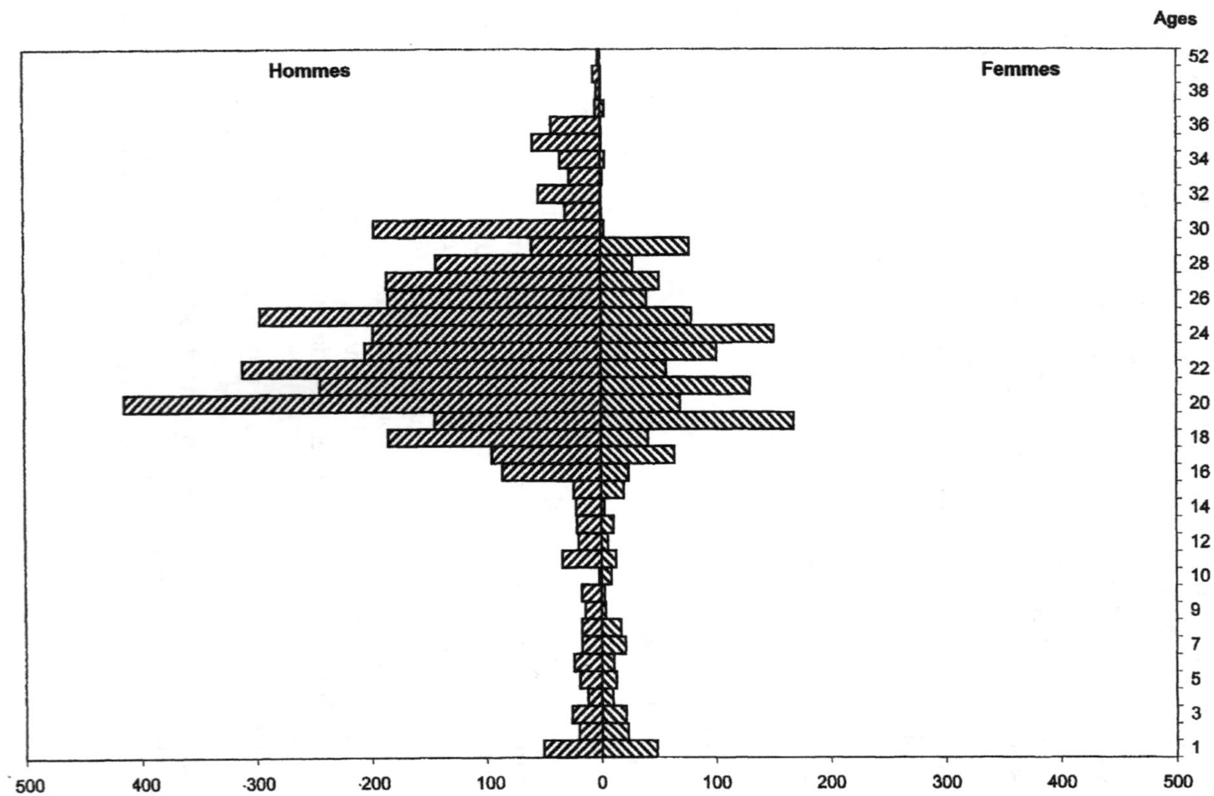

Source : AD Guadeloupe, Registres matricules de Moule

Pendant longtemps, les *coolie ships* sont exclusivement des voiliers, trois-mâts le plus souvent ; c'est moins rapide mais aussi moins coûteux pour les finances coloniales et les planteurs. Leur tonnage ne cesse de s'élever ; le port moyen de ceux destinés à la Guadeloupe passe de 565 tx pour la période 1855-64 à 1.184 de 1876 à 1884, et, au début du XXe siècle, des *coolie ships* de 2.000 à 3.000 tx ne sont pas rares. Les premiers *steamers* apparaissent dans les années 1880, mais il faut attendre le début du XXe siècle pour que la vapeur l'emporte définitivement. Vers la Guadeloupe, un seul convoi sur 93, le dernier (1888-89), est transporté sur un navire à vapeur.

L'aménagement de ces navires se définit par trois caractéristiques : 1) Séparation totale des logements et des installations réservées à l'équipage de ceux affectés aux passagers ; 2) Les passagers sont logés dans l'entrepont, qui est complètement dégagé sur toute la longueur et la largeur du navire ; hommes et femmes sont séparés ; 3) Les installations collectives destinées aux passagers ("hôpital", cuisine, toilettes, etc) sont situées sur la partie centrale du pont, où les immigrants doivent demeurer pendant la journée (*Voir planche n° 2*). Même si elles se sont très sensiblement améliorées par rapport aux premiers temps de l'émigration, ces conditions de transport se caractérisent jusqu'au bout par le manque d'espace et la promiscuité. Les différences culturelles, sociales et castiques n'y résistent guère ; les *coolie ships* sont des lieux d'intense brassage humain.

Jusqu'en 1861, le transport des Indiens vers la Guadeloupe doit obligatoirement s'effectuer sur des navires de la Compagnie Générale Maritime, signataire de "traités" *ad hoc* avec le ministère de la Marine et qui fait chèrement payer ses services (*Voir paragraphe 1*). En 1862, bien que la convention franco-britannique de l'année précédente pose le principe de la liberté de choix, le Conseil Général décide de maintenir le monopole de la Transat pour une durée de trois années supplémentaires, mais elle remplit si mal ses obligations que l'affaire n'est pas poursuivie à l'échéance. A partir de 1866, c'est le règne de la concurrence ; elle a notamment pour effet d'abaisser sensiblement le coût unitaire par immigrant. Les navires sont affrétés au fur et à mesure des besoins, par la direction de l'Intérieur à Pondichéry selon le système de l'adjudication publique, ou par l'agence française d'émigration de Calcutta, le plus souvent de gré à gré. Parce qu'ils sont à la fois plus nombreux sur place (l'Inde est le "joyau de la couronne" impériale britannique et la navigation avec l'Angleterre y est intense), plus grands, donc mieux aménagés, et disposent dans ce domaine d'une

Planche n° 2 – *AMENAGEMENT – TYPE D'UN NAVIRE D'EMIGRANTS INDIENS VERS 1880*

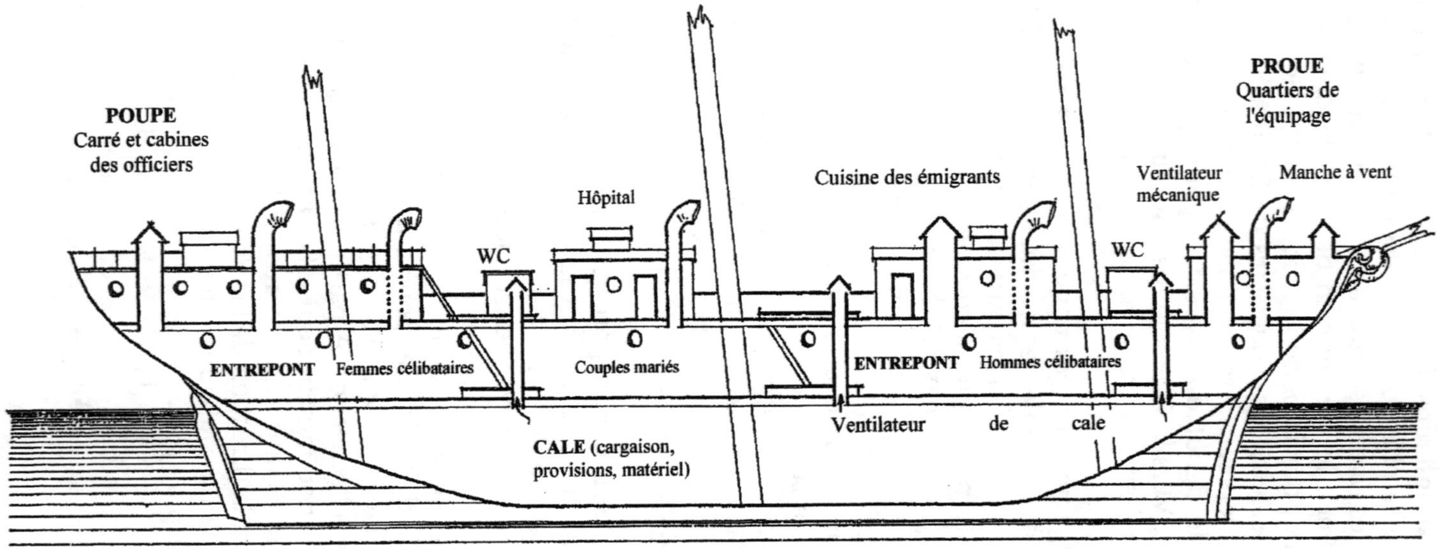

Source : d'après H. Tinker

expertise plus étendue que leurs homologues français, les navires battant pavillon britannique dominent très largement ; de 1866 à 1885, ils transportent 76 % des convois pour la Martinique et ... 94 % (60 sur 64 !) pour la Guadeloupe.

b) La traversée

Tous les voiliers transportant des émigrants indiens vers la Caraïbe empruntent la route du Cap, qui contourne l'Afrique par le sud et s'allonge sur la moitié de la planète, 12.000 milles marins (22.000 km) et douze fuseaux horaires (*Voir carte n° 5*). Les vapeurs, pour leur part, passent le plus souvent par le canal de Suez et la Méditerranée.

Le calendrier des départs est déterminé de façon rigide par une double contrainte climatique. En premier lieu, la nécessité de profiter de la mousson "d'hiver", qui souffle du Nord-Est de mi-octobre à mi-avril et pousse tranquillement les navires vers le Cap sur une mer généralement peu agitée. Et en second lieu, les problèmes posés par le franchissement du cap de Bonne-Espérance, en raison des conditions compliquées de vents et de courants qui règnent dans ces parages. Le meilleur moment pour passer se situe en janvier-février ; c'est encore possible mais plus difficile en mars-avril et d'octobre à décembre, et pratiquement impossible de mai à septembre. On prévoit 45 jours de navigation entre l'Inde et le Cap, auxquels on en ajoute 15 autres à titre de sécurité ; il en découle que les départs des convois par voiliers pour les colonies américaines ne peuvent normalement se produire, et ne se produisent effectivement, qu'entre le 15 août d'une année et le 15 mars de l'année suivante. C'est évidemment cette solution que retient la convention franco-britannique de 1861. La période des départs pour les Antilles est d'abord fixée du 1er août au 15 mars, puis modifiée au 15 juillet - 1er mars en 1872, à la suite du naufrage du *Souvenance,* à destination de la Martinique, l'année précédente ; retardé par les conséquences de la guerre franco-allemande en Europe, il part le 31 mars et, pris dans une violente tempête, s'écrase le 15 mai sur les côtes sud-africaines avec ses 376 passagers.

Cette catastrophe est, il est vrai, unique dans toute l'histoire du transport d'Indiens vers les Antilles et la Guyane françaises ; et vers la Caraïbe dans son ensemble, il ne semble pas y avoir eu plus d'une dizaine de naufrages corps et biens sur plus de mille *coolie ships* pendant toute la période d'émigration. En règle générale, la navigation se déroule sans gros problème de mer, si ce n'est que les navires et leurs

Carte n° 5

LA ROUTE DE L'EMIGRATION

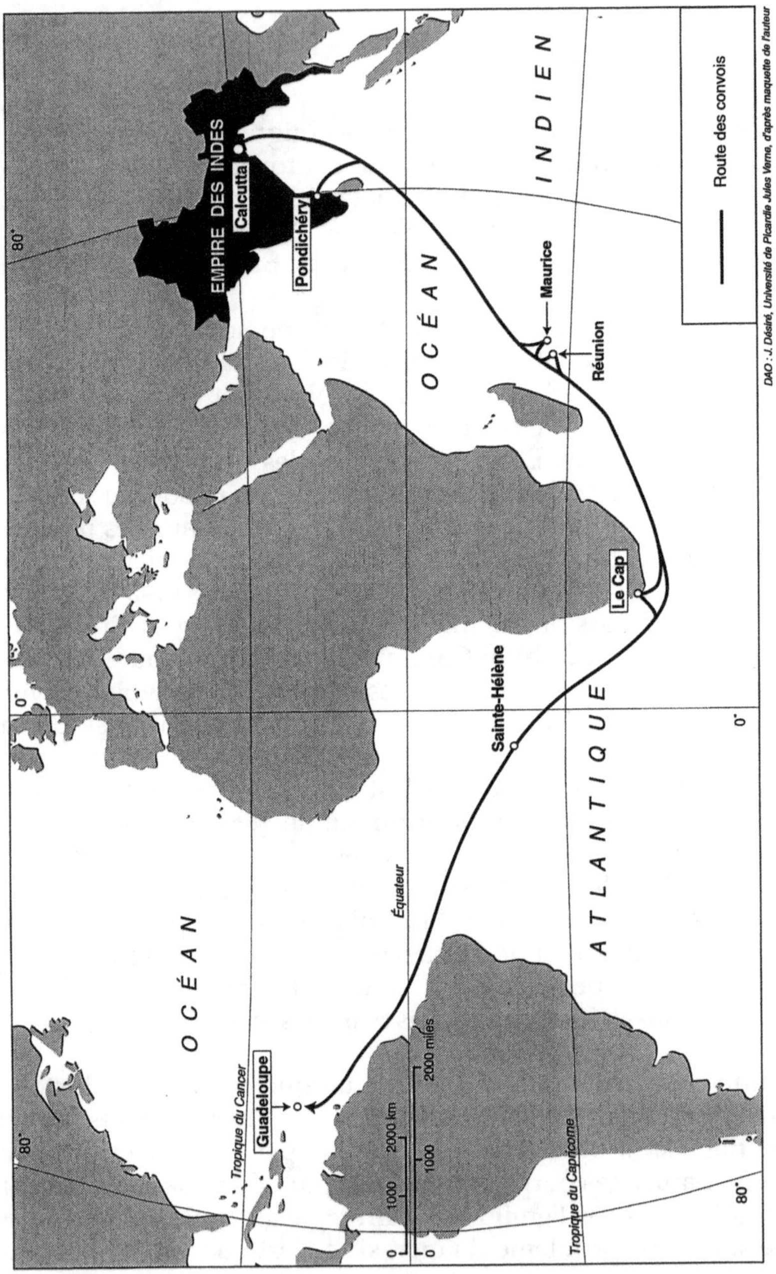

passagers sont parfois un peu secoués au franchissement du Cap. Sur la cinquantaine de rapports de voyage pour la Guadeloupe qui nous sont parvenus, à peine une dizaine font état d'une tempête plus ou moins violente en cours de route, et le navire ne s'est réellement trouvé en difficulté que dans deux cas seulement. Sans incident majeur et dans de bonnes conditions de vent, il faut normalement trois mois pour faire la traversée, mais celle-ci peut éventuellement prendre jusqu'à un mois de plus si les vents sont défavorables. Sauf problème imprévu, on ne fait en principe qu'une seule escale, parfois dans les Mascareignes (Maurice, Réunion) ou en Afrique du Sud, mais le plus souvent à Sainte-Hélène, parce que, comme le navire n'est plus qu'à un mois des Antilles, on peut avertir par télégraphe la colonie destinataire de la prochaine arrivée du convoi.

Les conditions de vie des *passagers* à bord ne peuvent en aucun cas ni en aucune façon être comparées à celles des *captifs* sur les navires négriers. Ceci dit une fois pour toutes, elles n'en sont pas moins extrêmement inconfortables. L'espace est chichement mesuré. Selon le décret du 27 mars 1852, chaque passager devrait normalement disposer de l'équivalent d'un tonneau de jauge, ce qui est déjà extrêmement faible (cela reviendrait à faire entrer un homme dans un cube de 1,20 m de côté), mais, jusqu'en 1861, même ce minimum n'est pas respecté en raison de l'existence de "dérogations", en principe exceptionnelles mais régulièrement accordées par l'administration, qui aboutissent à embarquer systématiquement 10 à 15 % de passagers de plus. Lors de la négociation sur la convention de 1861, les Britanniques imposent un desserrement : on ne pourra plus embarquer qu'un passager pour 1,70 tonneau au départ de Pondichéry-Karikal et un pour deux au départ de Calcutta. Ces limites sont à peu près correctement respectées par la suite, mais elles ne font disparaître que les aspects les plus scandaleux de l'entassement.

L'alimentation est abondante quantitativement, mais d'une extrême médiocrité qualitative, les armements rognant au maximum sur ce chapitre de dépenses : des conserves de bas-morceaux de viande, du riz bas de gamme ("*riz-coolie*"), des biscuits de mer ... Peu ou pas de vivres frais une fois épuisés ceux embarqués au départ ou lors des escales, et une grande monotonie dans la composition des deux repas quotidiens : du curry, du curry, du curry ... Par contre, l'approvisionnement en eau s'améliore nettement. Au début, on l'embarque dans des tonneaux où elle devient vite imbuvable, puis on passe à des "caisses" en tôle dans lesquelles elle se corrompt moins vite ; mais avec une ration réglementaire de 4,5 l par personne et par jour pour tous les usages, c'est l'insuffisance qui domine. Enfin, à partir des années 1860, apparaissent les dessaleurs d'eau de mer (les "appareils distillatoires"), dont l'utilisation devient rapidement obligatoire et qui permet de régler la question de façon à peu près satisfaisante.

Autre domaine dans lequel l'amélioration est également très sensible : la surveillance médicale des convois. Chacun d'eux doit être accompagné d'un médecin. Au début, ce sont uniquement des médecins civils que le gouverneur de Pondichéry trouve sur place où il peut et comme il peut, puis, à partir de 1867, le ministère envoie systématiquement de France par paquebot des médecins de la Marine pour assurer ce service. Leurs conditions d'exercice sont difficiles : il leur faut veiller à la santé de 400 à 500 personnes entassées dans un espace restreint et des conditions d'hygiène approximatives, avec une pharmacopée pas toujours efficace ni adaptée à leurs besoins, dans un isolement total et l'impossibilité de recevoir le moindre secours extérieur en cas de gros problème ; en outre, leurs relations avec le capitaine sont parfois délicates, car ils représentent tous deux des intérêts contradictoires, et ils doivent, pour communiquer avec leurs patients, passer par l'intermédiaire d'un infirmier-interprète qui n'est pas toujours très compétent ni très fiable. Malgré tout, ils font de l'excellent travail, avec un grand dévouement mais généralement sans beaucoup de considération pour leurs patients et leur culture, pour lesquels ils n'éprouvent aucun intérêt ni aucune sympathie. A preuve de la qualité du service qu'ils fournissent, la très faible mortalité pendant la traversée ; pour 77 convois connus à destination de la Guadeloupe sur l'ensemble de la période d'émigration, elle n'est en moyenne que de 2,69 %, l'une des plus faibles parmi les grands courants de migrations intercontinentales au XIXe siècle.

Enfin, on essaie de limiter au maximum les relations entre l'équipage (officiers européens, matelots indiens) et les passagers pour éviter les incidents. En général, ceux-ci sont peu nombreux. Sur la cinquantaine de rapports de voyage à destination de la Guadeloupe qui nous sont parvenus, nous ne connaissons que trois navires sur lesquels les passagers ont systématiquement fait l'objet de violences graves ; on note en outre quelques rixes et trois tentatives de viol. Il semble d'ailleurs que la situation aille progressivement en s'améliorant à cet égard ; au début des années 1880, l'absence d'incident en cours de route est pratiquement devenue la norme. Le plus souvent, c'est l'ennui qui domine à bord de ces navires, les passagers étant soumis à un emploi du temps et à des horaires stricts, qui se répètent à l'identique jour après jour pendant trois mois ou plus dans une triste routine que pratiquement rien ne vient égayer.

Tableau n° 5

NOMBRE D'INDIENS DEBARQUES EN GUADELOUPE

Campagne	Nombre de convois	Nombre d'immigrants	Campagne	Nombre de convois	Nombre d'immigrants
1854-55	2	751	1870-71	2	935
1855-56	1	560	1871-72	2	922
1856-57	3	1.161	1872-73	1	512
1857-58	2	1.392	1873-74	4	1.747
1858-59	4	1.909	1874-75	3	1.198
1859-60	3	1.278	1875-76	3	1.321
1860-61	2	1.184	1876-77	2	788
1861-62	4	1.711	1877-78	6	2.656
1862-63	2	1.002	1878-79	4	2.131
1863-64	4	1.365	1879-80	4	2.212
1864.65	1	462	1880-81	5	2.238
1865-66	1	326	1881-82	3	1.457
1866-67	9	4.098	1882-83	4	1.791
1867-68	2	904	1883-84	4	1.967
1868-69	3	1.384	1884-85	1	491
1869-70	1	421	1888-89	1	599

TOTAL = 42.873

Source : Arch. d'Outre-Mer, Correspondance administrative de Pondichéry et de la Guadeloupe, et dossiers de convois ; *Gazette Officielle de la Guadeloupe*, bulletins maritimes de Pointe-à-Pitre ; *varia*.
Chiffres par campagne et non par année civile.

3. *LES INDIENS EN GUADELOUPE*

3.1. Sur les habitations : "*A new system of slavery*"

Après leur arrivée à Pointe-à-Pitre, les Indiens sont conduits au dépôt de l'immigration de Fouillole, où ils sont placés en observation pendant quelques jours. Les malades et ceux qui sont trop faibles sont envoyés à l'hôpital, les autres sont "distribués" entre les engagistes, selon l'ordre d'inscription de ceux-ci sur la liste des attributaires ; l'importance des "lots" varie de 5 à 30 immigrants par convoi selon l'importance de la production des demandeurs. Ils sont ensuite conduits sur les habitations, et là commence pour eux un véritable enfer.

Pour caractériser la situation des Indiens sur les plantations sucrières américaines, le secrétaire d'Etat britannique aux Colonies n'hésite pas à employer en 1845 la terrible expression de "nouvel esclavage" ("*New system of slavery*"). Reprise et rendue célèbre en 1974 par Hugh Tinker, qui l'a placée en surtitre de son grand livre sur "l'exportation" du travail indien outre-mer de 1830 à 1920, elle a été utilisée un peu n'importe comment par beaucoup d'auteurs postérieurs dès qu'il s'agissait de ce courant migratoire. En réalité, nous avons vu qu'elle ne saurait s'appliquer au transport de ces émigrants vers les colonies américaines ; le *coolie trade* n'est pas du *slave trade*. Par contre, elle retrouve toute sa pertinence s'agissant de la situation des Indiens sur les habitations. Globalement, le *coolie* après 1848 est à peine moins maltraité que le Nègre avant.

a) Des conditions de vie misérables et dramatiques

Sur les habitations, les Indiens sont soumis à une continuelle et terrible oppression. Celle-ci est tout d'abord juridique. Leur statut, tel que défini par le décret de 1852, est un statut d'exception qui prolonge à leur égard l'ancienne "organisation du travail", désormais abandonnée pour les Créoles mais à laquelle les immigrants demeurent entièrement soumis ainsi qu'à la répression qui l'accompagne (*Voir chapitre I*). Leur capacité juridique est restreinte ; ils sont considérés comme des mineurs, attachés à l'habitation sur laquelle ils ont été envoyés et placés dans la dépendance absolue de leur engagiste. Leur existence matérielle est misérable. La nourriture est insuffisante quantitativement et qualitativement. Beaucoup de planteurs s'affranchissent de leur obligation de nourrir leurs immigrants en leur concédant une portion de terre et un jour par semaine pour la cultiver ; d'autres essaient de leur imposer la consommation de vivres du pays à la place du riz qu'ils devraient leur fournir mais qu'il faut importer à grands frais. Leur état de santé est catastrophique. C'est une population de malades, ravagée par les fièvres, l'anémie, la bronchite et les affections gastro-intestinales, comme le montre le niveau extrêmement élevé de leur absentéisme. Nous sommes renseignés sur ce point par divers rapports du commissaire à l'immigration indiquant le nombre mensuel moyen de jours de travail fournis par les immigrants : dans presque tous les cas, il est de 18 ou 19, alors que, contractuellement, ils doivent à leurs employeurs 26 jours de travail par mois.

Enfin, la brutalité et la violence sont permanentes sur les habitations, de la petite maltraitance "ordinaire", qui ne blesse pas mais humilie, à de véritables meurtres dans des circonstances atroces, en passant par toute la gamme possible des mauvais traitements. Les Indiens travaillent constamment sous la menace et souvent sous les coups. Les différentes instances chargées en principe de leur protection ne font pratiquement rien. Les syndics cantonaux manquent de moyens et sont trop étroitement liés à la plantocratie ; la justice s'en désintéresse ou se montre scandaleusement partiale en faveur des engagistes lorsque, exceptionnellement, une affaire de violences à Indien arrive devant elle ; et les consuls britanniques sont pratiquement impuissants parce qu'ils ne peuvent se rendre librement sur les habitations et doivent passer par les autorités françaises pour intervenir. Une tentative de la haute administration judiciaire de la Guadeloupe pour assurer enfin une véritable protection aux Indiens, au début des années 1880, échoue devant l'hostilité des planteurs et de l'ensemble de la population blanche de l'île.

Si l'on ajoute à tout ceci un travail excessif (*Voir point suivant*), il n'est pas surprenant que la population indienne soit frappée par une énorme surmortalité, qui se monte à 61,4 ‰ en moyenne annuelle sur l'ensemble de la période 1855-1885. C'est un taux qui ne se rencontre habituellement que dans des pays frappés de catastrophe, et sur de courtes périodes seulement ; ici, c'est sur trente ans. Schoelcher note à ce propos que "l'immigration consomme presque autant de créatures humaines qu'en consommait l'esclavage". C'est surtout dans les premiers temps qui suivent leur débarquement dans l'île que cette mortalité des Indiens est particulièrement forte, en raison du changement brutal d'existence auquel ils sont confrontés pratiquement sans temps d'adaptation. A Moule, 12,5 % des arrivants décèdent dans la première année, 34 % au cours des trois premières années, 45 % au cours des cinq premières, et leur durée moyenne de vie (de survie) active est de neuf ans. En face, cette même brutalité des conditions d'existence et le très fort déséquilibre de la structure par sexes de la population indienne (*Voir planche n° 1, p. 68*) font que la natalité est très basse, à peine 14,6 ‰ sur l'ensemble de la période 1855-1885, quatre fois moindre que la mortalité.

De 1854 à 1906, date de départ du dernier convoi de rapatriement, 42.900 Indiens sont arrivés en Guadeloupe et environ 10.500 y sont nés ; 9.700 seulement ont été rapatriés et 13.300 sont encore présents dans l'île. La différence, soit 30.400 personnes, correspond à autant de décès. Tel est le dramatique bilan démographique de l'immigration indienne en Guadeloupe. Ce n'est pas une statistique, c'est une hécatombe !

b) Un travail excessif, interminable et sous-payé

En principe, l'Indien est engagé pour cinq ans, pendant lesquels il doit 26 jours de travail par mois, à raison de 9 h 30 par jour, avec quatre jours de congé au début de l'année pour la fête de Pongal.

Mais en pratique, il en fait beaucoup plus : 1) On lui impose un travail "léger" (le plus souvent "faire des herbes" pour les animaux de l'habitation) le soir après le travail des champs ainsi que le dimanche matin. 2) Les planteurs font souvent des "erreurs" dans le décompte des journées de travail ou infligent des "sanctions" sous forme de journées supplémentaires. 3) Et surtout, ils appliquent la règle complètement illégale dite "des 1.560 jours", consistant à exiger de l'immigrant 26 jours de travail effectif pendant 5 x 12 = 60 mois, au lieu de cinq ans de date à date, ce qui l'oblige à rattraper les jours d'absence involontaire (maladie) et même les jours fériés. Dans tous les cas, l'administration laisse faire ou se révèle impuissante à réprimer ces abus. Conséquence : les engagements s'étirent interminablement, bien audelà des cinq ans prévus. A Moule, leur durée moyenne effective s'élève à 78 mois au lieu de 60 ; sur les habitations de l'usine du Galion, à la Martinique, au début des années 1880, chaque Indien fait en moyenne 19 mois de travail supplémentaire. Et tout ceci est encore aggravé par le fait que la journée effective de travail dépasse très largement les 9 h 30 prévues par la convention de 1861, sans paiement des heures supplémentaires.

En outre, les salaires, qui ne sont déjà pas bien élevés (12,50 F par mois pour les hommes, 10 F pour les femmes, 5 F en dessous de 14 ans) sont souvent payés irrégulièrement et incomplètement, avec des retards atteignant fréquemment des mois. Comme pour le décompte des journées de travail "erreurs" et amendes se multiplient. Venus en Guadeloupe pour se constituer un pécule, la plupart des Indiens repartent aussi pauvres qu'ils étaient arrivés ; sur les quelques convois de rapatriement pour lesquels nous disposons d'informations à ce sujet, la proportion de passagers rapportant des économies avec eux se situe le plus souvent autour des 20 % et ne dépasse jamais le tiers.

Encore ceux-là ont-ils la chance d'être finalement rapatriés. Car, en règle générale, les Indiens rencontrent d'énormes difficultés pour bénéficier effectivement du droit que leur reconnaissent sur ce point le décret de 1852 et la convention de 1861. A la fin de leur premier engagement ou du rengagement précédent, ils sont soumis à une énorme pression, à la fois physique et psychologique, de leurs employeurs, allant même parfois jusqu'à l'utilisation de la violence, pour les obliger à s'engager de nouveau ; les planteurs sont en effet particulièrement intéressés à conserver sur leurs habitations des travailleurs déjà formés et acclimatés, même en leur payant une prime représentant entre 12 et 18 mois de salaire. En 1891, le major Comins, un haut fonctionnaire du gouvernement de l'Inde envoyé en mission d'information sur la situation des Indiens de la Guadeloupe, note qu'on les retient "jusqu'à ce qu'ils ne soient plus bons à rien" ("*Until they are of no further use*"). D'ailleurs, lors de la composition des convois de rapatriement, l'administration "trie" les demandes pour embarquer (se débarrasser) prioritairement tous ceux que l'on appelle cyniquement les "non-valeurs" : vieillards (40 ans !) épuisés par une vie de misère et de souffrance sur les habitations, invalides, infirmes, indigents, etc, qui représentent en moyenne 20 % des rapatriés ; "les convois de rapatriement sont aussi des convois d'évacuation", avoue un médecin accompagnateur au départ de la Martinique, en 1886, tandis qu'un de ses confrères n'hésite pas à parler à leur sujet de "déchets" ; c'est notamment ce qui explique que la mortalité sur les voyages de retour par voiliers soit en moyenne trois fois supérieure à celle de l'aller. Autre raison des difficultés rencontrées par les Indiens pour obtenir leur rapatriement : l'administration locale ne met pendant longtemps aucune bonne volonté à organiser des convois, d'abord par indifférence et pour des raisons budgétaires, puis, après 1889, pour fixer définitivement sur place cette population "faite au pays" et qui ne peut plus désormais se renouveler par d'autres arrivants puisque l'immigration a été arrêtée ; il faut que Paris, soumis sur ce point à de très fortes pressions britanniques, tape du poing sur la table pour qu'on se préoccupe enfin aux Antilles de rapatrier tous ceux qui en font la demande. Enfin, l'insuffisance du nombre de convois, au moins jusqu'aux années 1880, leur imprévisibilité et leur irrégularité (il peut s'écouler jusqu'à trois ans entre deux départs) découragent ceux qui voudraient rentrer au pays et qui finissent souvent par se rengager en désespoir de cause.

De 1861 à 1906, 28 convois de rapatriement quittent la Guadeloupe, emportant environ 9.700 personnes, par voiliers jusqu'en 1884 puis de nouveau en 1906, par vapeurs de 1885 à 1891, et enfin embarqués par petits groupes sur les paquebots via Marseille de 1893 à 1901. Au total, 22 % seulement des Indiens débarqués dans l'île parviennent à retourner chez eux, l'un des taux les plus faibles de toute la Caraïbe. Quant aux autres, ils entrent dans un processus de créolisation et d'intégration dans la communauté guadeloupéenne, qui deviendra irréversible en 1923 avec l'accès de leurs enfants à la nationalité française.

3.2. L'immigration dans l'histoire économique de la Guadeloupe

a) Un apport essentiel à la croissance

1. La croissance démographique

La contribution de l'immigration en général, et de l'immigration indienne en particulier, à la croissance démographique de la Guadeloupe dans le troisième quart du XIXe siècle peut être appréciée sur le *graphique n° 2*.

Cette contribution est essentielle, comme le montre l'augmentation pratiquement continue de la proportion d'Indiens dans la population totale jusqu'au début des années 1880, tant que se poursuivent les arrivées. Mais elle joue un rôle particulièrement important au cours des deux décennies qui suivent l'Abolition, parce que la population créole demeure alors pratiquement stable autour des 130.000 personnes, en raison d'un accroissement naturel pratiquement nul sur la moyenne période ; c'est probablement là une séquelle de l'esclavage sur la génération de 1848, aggravée en outre par les effets de l'épidémie de choléra de 1865-66. C'est alors uniquement à l'immigration, et principalement à celle en provenance de l'Inde, seule pratiquée après 1861, que la population totale de la Guadeloupe doit de passer de 129.000 habitants en 1850 à 142.000 en 1870. Puis, avec le démarrage, enfin, de la croissance de la population créole, à partir des années 1870, l'arrêt de l'immigration et la multiplication des rapatriements au cours des décennies 1880 et 1890, la proportion d'Indiens diminue nécessairement. A la veille de la guerre, elle n'est plus que de 6 % de la population totale, mais en ne comptant que les personnes nées en Inde, qui vieillissent et dont le nombre se réduit rapidement ; pour

Graphique n° 1 – EVOLUTION DE LA POPULATION INDIENNE DE LA GUADELOUPE AU XIXE SIECLE

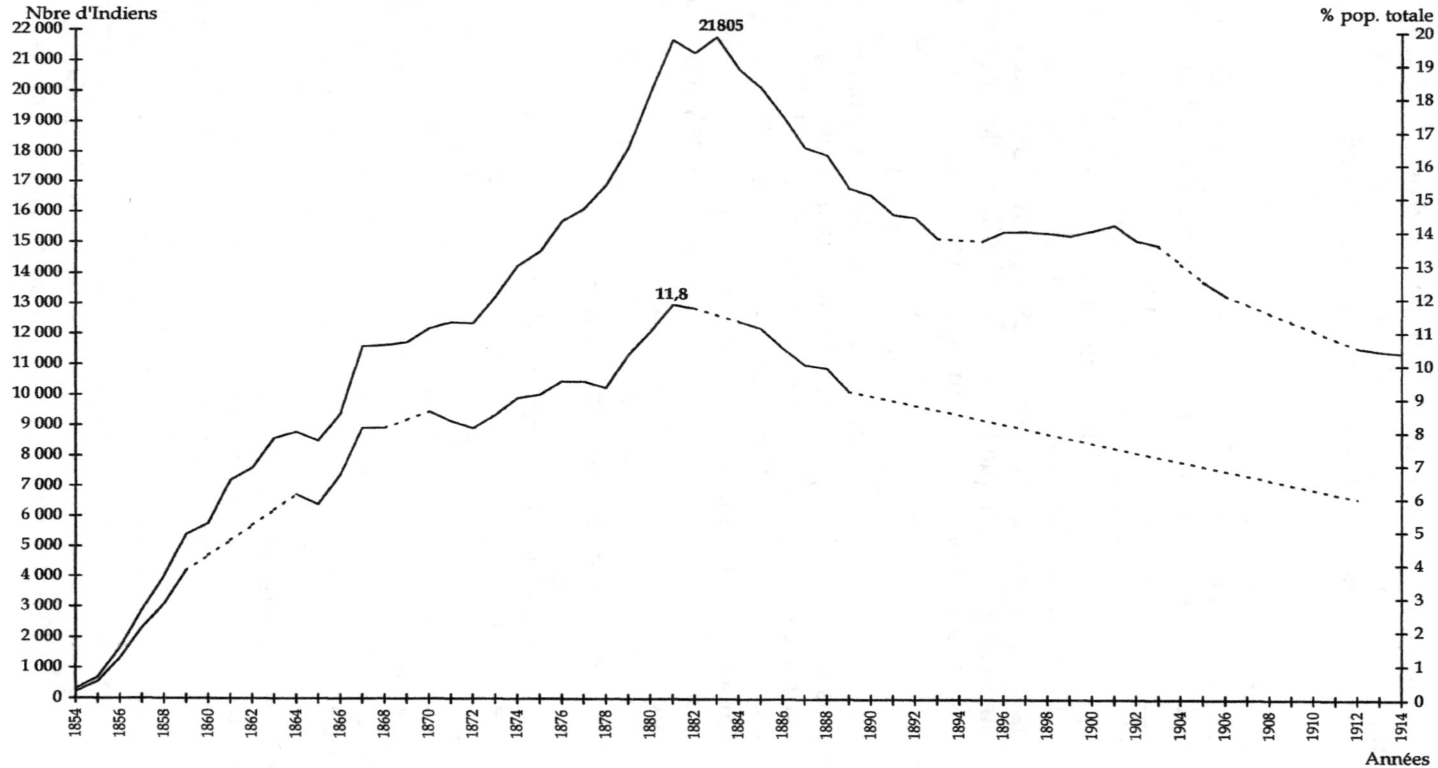

Source : D'après *Statistiques coloniales*, Singaravélou et R. Boutin

connaître l'importance réelle de la population d'origine indienne, il faudrait pouvoir y rajouter la seconde génération issue de cette immigration, mais nous ne sommes pas renseignés à son sujet.

2. La croissance économique

L'industrie sucrière est de très loin la principale bénéficiaire de l'immigration ; c'est même pour elle que celle-ci a été instituée. Si l'on excepte quelques attributions à des producteurs de denrées "secondaires" (café, cacao) et aux petits planteurs de canne, ainsi que pour la domesticité, 92 % des Indiens débarqués en Guadeloupe sont affectés aux grands domaines du secteur sucrier, auquel ils fournissent une part croissante de sa main-d'œuvre : 29,6 % en 1861, 42,2 en 1883. Leur répartition géographique le confirme, d'ailleurs ; les Indiens sont concentrés dans les zones de culture de la canne, autour des usines centrales (*Voir carte n° 6*). Il n'est donc pas douteux qu'en apportant aux grands propriétaires des forces de travail statutairement prolétarisées et en augmentation constante, l'immigration en général, et celle des Indiens en particulier, joue un rôle majeur dans la croissance de 63 % de la production guadeloupéenne de sucre entre 1853, au sortir de la dépression post-abolitionniste, et 1882, à la veille de la crise sucrière mondiale. Et d'ailleurs, lors des grands débats acharnés de la décennie 1880 sur l'immigration, les "élus de l'Usine", amenés par Ernest Souques , le propriétaire de Beauport et Darboussier, ne se font pas faute de rappeler à leurs adversaires républicains le lien immédiat existant entre les deux croissances.

Ce que ceux-ci ne discutent pas, d'ailleurs. Mais ils contestent, par contre, que l'immigration soit le seul facteur de la croissance sucrière des Antilles après l'abolition de l'esclavage. D'après l'estimation contemporaine d'un planteur moderniste de la Martinique, un tiers de cette croissance serait due aux innovations introduites dans la culture de la canne (généralement emploi d'engrais, développement de l'usage de la charrue, etc), un autre tiers proviendrait des progrès techniques considérables réalisés depuis les années 1840 dans la fabrication elle-même (le rendement industriel se situe autour des 10 % dans les usines centrales modernes, contre difficilement 5 à 6 % dans les anciennes habitations-sucreries "traditionnelles") et l'immigration expliquerait le tiers restant. Réduite au seul apport de l'immigration venant seulement s'ajouter aux vieilles méthodes "du père Labat", la production n'aurait certainement pas progressé dans de telles proportions ; la Réunion fournit d'ailleurs le contre-exemple parfait : il y est entré près de 200.000 immigrants de toutes origines entre 1849 et

Carte n° 6

REPARTITION GEOGRAPHIQUE DES INDIENS EN 1882

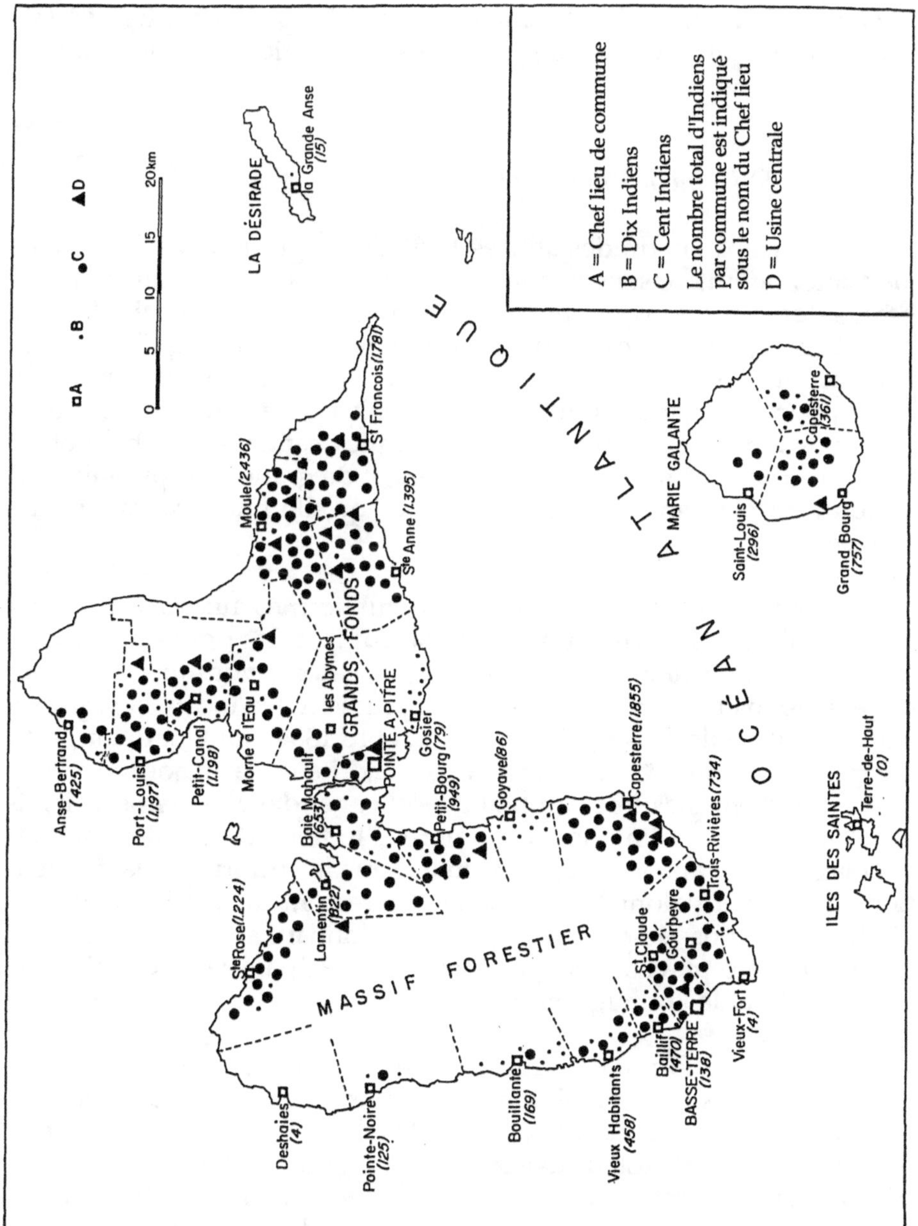

Source : G. Lasserre

1882, ce qui n'a pourtant pas empêché son industrie sucrière, insuffisamment modernisée, de s'effondrer après 1863. Mais il est vrai aussi, pour en revenir à la Guadeloupe, que sans la main-d'oeuvre additionnelle apportée par l'immigration, il aurait sans doute été beaucoup plus difficile pour les producteurs de sucre de concrétiser les virtualités de croissance contenues dans les innovations industrielles et agricoles.

b) La fin de l'immigration

A partir de la fin des années 1870, l'immigration, qui bénéficiait jusqu'alors d'un consensus quasi-unanime dans tous les milieux dirigeants des Antilles, commence à être remise en cause sous l'influence des idées républicaines, localement hostiles à l'Usine, qui se répandent progressivement dans les deux îles. On lui reproche son coût élevé pour les finances publiques coloniales, le fait qu'elle ne profite qu'à une toute petite minorité de quelques centaines, et bientôt de quelques dizaines seulement, d'usiniers et de grands propriétaires, et surtout, de plus en plus, la concurrence qu'elle fait aux travailleurs créoles.

L'arrivée, en 1880, de majorités républicaines aux conseils généraux donne une nouvelle impulsion au combat des opposants à l'immigration. Mais alors qu'à la Martinique, ceux-ci vont jusqu'au bout de leur opposition en faisant voter par l'assemblée locale la suppression définitive de l'institution (18 décembre 1884), en Guadeloupe au contraire, les modérés qui forment la majorité de la majorité se limitent à des demi-mesures ; au lieu de s'engager dans la même voie, ils se contentent de diminuer le nombre d'Indiens demandé pour les campagnes suivantes, d'abaisser, mais sans la supprimer, la subvention du budget colonial, et d'élever légèrement la fraction des frais d'introduction payée par les engagistes, donnant ainsi indirectement satisfaction à ceux-ci sur ce qui était leur principale revendication : la pérennisation de l'immigration.

Cette situation, il est vrai, ne dure pas très longtemps. A la fin de 1884, le Conseil Général, dans lequel les usiniers ont pourtant repris la majorité, est conduit par le déclenchement de la crise sucrière, quelques mois plus tôt, à suspendre l'immigration ; lourdement frappés par l'effondrement des cours, les planteurs n'ont, en effet, plus les moyens de prendre des immigrants. Aucune demande n'est adressée en Inde au cours des trois campagnes suivantes, puis, en 1887, l'amélioration temporaire de la conjoncture incite les usiniers à réclamer et à obtenir l'introduction d'un nouveau convoi, qu'ils s'engagent toutefois à financer intégralement. Préparé conjointement par les deux agences de Pondichéry et de Calcutta, il arrive en Guadeloupe le 31 janvier 1889.

Ce convoi est le dernier dans l'histoire de l'introduction de travailleurs indiens dans l'île. Entre-temps, en effet, les Britanniques ont décidé de "fermer le robinet". Depuis les années 1870, le gouvernement de l'Inde recevait des rapports de plus en plus alarmants sur la situation détestable de ses ressortissants dans les colonies françaises. Mais, malgré des interventions pressantes, Londres n'arrivait pas à obtenir de Paris autre chose que des réponses dilatoires. A la fin, ils en ont assez ; le recrutement de *coolies* est interdit à destination de la Guyane en 1876, de la Réunion en 1882 et des Antilles en 1888. Toutes les démarches françaises postérieures en vue d'obtenir la levée de cette décision se heurteront à une fin de non-recevoir.

Au cours des années suivantes, les usiniers recruteront encore quelques dizaines de travailleurs dans les Antilles anglaises, essaieront, mais en vain, d'obtenir du ministère la reprise de l'immigration africaine, et organiseront même, en 1894, l'introduction d'un convoi de Japonais ; les remous provoqués localement par cette affaire et la résistance des intéressés entraînent leur renvoi au Japon 18 mois plus tard. Ainsi s'achève, en 1896, l'histoire de l'immigration réglementée en Guadeloupe.

CHAPITRE III

LA MISE EN PLACE D'UN NOUVEL ENVIRONNEMENT ECONOMIQUE

Après avoir retracé l'évolution de l'environnement social de la production sucrière antillaise, avec la constitution d'un prolétariat rural créole et immigré, nous allons nous consacrer maintenant aux deux principales mutations de l'environnement économique, concernant respectivement le marché et le financement.

1. LES BOULEVERSEMENTS DU MARCHE SUCRIER

1.1. L'explosion de la sucrerie de betterave

Toute l'histoire de l'industrie sucrière guadeloupéenne, antillaise, française, européenne et mondiale dans le troisième quart du XIXe siècle est marquée par le fantastique développement que connaît alors la production de sucre de betterave en Europe ; au début des années 1880, elle finit même par dépasser celle de canne dans le bilan sucrier mondial (*Voir tableau n° 6*).

a) Une technologie en amélioration constante

L'essor continu du progrès technique dont bénéficie la sucrerie européenne au cours de cette période constitue la principale cause de ce "boum" (*Voir planche n° 3, p 89*). A l'extraction, le procédé de la diffusion, qui repose sur le principe de l'osmose, remplace l'écrasement utilisé jusqu'alors ; il permet un épuisement plus complet de la

Tableau n° 6 – *EVOLUTION DU MARCHE DU SUCRE DE 1845 A 1882*

	MONDE				FRANCE METROPOLITAINE								
					Disponibilités						*Consommation*		*Exportations*
	TOTAL	Canne	Bett.	% bett.	Nbre de fabriques	Prod. métro.	Import. col.	Import. étr.	TOTAL	% col.	TOTALE	p. hab	
1845	981	920	61	6,2	306	40	91	11	142	64,1	117	3,3	25
1851					329	68	48	23	139	34,5	115	3,2	24
1861					346	146	113	85	344	32,8	240	6,4	104
1869					464	282	86	116	484	17,7	279	7,3	205
1875					530	462	92	112	666	13,8	264	7,2	402
1882	4.271	2.098	2.173	50,9	496	363	92	146	601	15,3	408	10,8	193

Dans un souci de lisibilité, nous ne faisons figurer que les points tournants.

Chiffres en sucre brut ; milliers de tonnes, sauf consommation p. hab. en kg.

Exportations : les données sérielles ne sont disponibles qu'à partir du début des années 1870 et varient d'une source à l'autre, selon qu'elles sont en brut, en raffiné ou en "tel quel", ou encore qu'elles portent sur les sucres "acquittés" seulement (ayant payé les droits de fabrication ou de douane) ou sur la totalité des exportations ("acquittés" et "exempts"). Dans un souci de simplification, nous avons considéré comme exportations la différence entre le total des disponibilités et la consommation.

Sources : J. Fiérain et SNFS.

Planche n° 3

SCHEMA GENERAL DE LA FABRICATION DU SUCRE

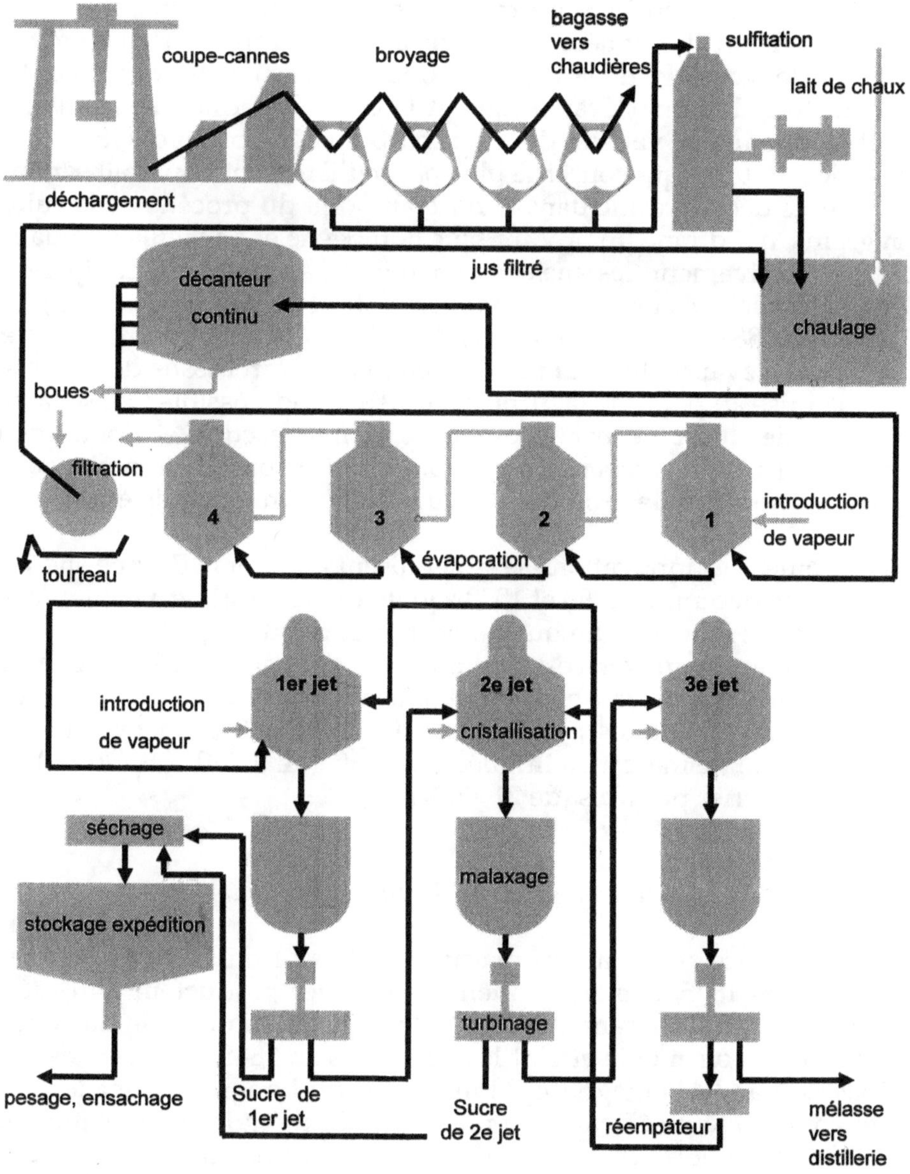

Source : CEDUS

Nota : tous les stades du processus de fabrication situés en aval de l'extraction sont communs à la canne et à la betterave.

betterave. D'autre part, l'amélioration du lavage, l'utilisation de filtres de plus en plus perfectionnés et une maîtrise croissante des processus chimiques donnent des jus plus purs, donc plus faciles et moins coûteux à travailler. A la fabrication, le système dit "à multiple effet", mis au point par Cail en 1839, est très vite porté du double effet initial au triple au début des années 1850, puis au quadruple vers 1880 ; reposant sur le recyclage de la vapeur produite par le générateur et l'utilisation du vide pour l'évaporation et la cuite, il permet des gains de coût (économie de vapeur, donc de charbon) et de productivité considérables. Pour ce qui concerne plus particulièrement la cristallisation, le progrès décisif réside dans la mise au point du procédé de la cuite en grains, qui donne un produit plus homogène et de meilleure qualité. Progressivement, les anciens appareils à l'air libre, qui équipaient jusqu'alors les fabriques, sont frappés d'obsolescence et éliminés ; en France en 1881, 404 sucreries sur 486 (= 83 %) possèdent un multiple effet pour l'évaporation. Enfin, tout en aval du processus de fabrication, la mise au point de la turbine, en 1850, rend possible une séparation rapide du sucre par essorage de la masse cuite et donne des égouts suffisamment riches pour pouvoir être soumis de nouveau à cristallisation afin de produire des sucres deuxième et troisième jets.

Toutes ces innovations se généralisent à travers l'Europe sucrière entre les décennies 1850 et 1880 ; en un quart de siècle à peine, l'ensemble des données techniques et économiques de la production sont complètement bouleversées. Une nouvelle génération d'équipements est apparue, qui accroît considérablement les dimensions et la productivité des fabriques ; en France, de 1844 à 1875, la production moyenne par usine est multipliée par sept (de 1.240 à 8.720 qx) et celle par ouvrier par trois (de 21 à 67 qx).

b) Une situation de surproduction permanente

La France est un acteur majeur de cet essor du sucre de betterave. Jusqu'en 1875, elle en est même le premier producteur européen (et mondial), fournissant alors 34 % de la production totale du continent après avoir même atteint les deux tiers en 1845 ; elle est ensuite dépassée par l'Allemagne et l'Empire austro-hongrois, dont les sucriers ont modernisé beaucoup plus complètement leur fabrication et bénéficient en outre d'un considérable soutien financier de l'Etat, qui subventionne lourdement leurs exportations. Mais même alors, la sucrerie française demeure incontournable sur le marché européen.

C'est la loi du 2 juillet 1843 qui, en posant le principe de "l'égalité de traitement" (fiscal) entre les deux sucres (canne et betterave) pour l'approvisionnement de la France (*Voir tome I*), met fin à l'incertitude qui pesait jusqu'alors sur l'activité des sucriers métropolitains, menacés d'interdiction sous la pression du lobby colonial, et leur permet de s'engager dans la voie du progrès et de l'expansion. A partir de 1848, la concurrence du sucre de canne cesse de constituer un problème pour eux. L'abolition de l'esclavage dans les colonies, puis la dépression et les difficultés qui assaillent celles-ci pendant la décennie 1850, laissent au sucre de betterave le champ libre sur un marché en expansion constante. C'est seulement vers 1860 que les planteurs antillais et réunionnais retrouvent leurs niveaux de production d'avant l'Emancipation, mais entre-temps la sucrerie métropolitaine a définitivement pris le large.

A partir de 1851, en effet, les fabriques de sucre se multiplient dans toute la France, favorisées en cela par la création des chemins de fer et, plus largement, par l'expansion économique générale du Second Empire ; "on les voit sortir de terre comme des champignons", note le préfet de l'Aisne, alors le troisième département sucrier, en 1863. Jusqu'en 1875, la force du mouvement est telle que même la perte de l'Alsace-Lorraine, quatre ans plus tôt, ne parvient pas à ralentir l'envol de la production. La légère diminution que l'on observe après cette date est bien davantage une correction de trajectoire qu'une véritable récession (*Voir tableau n° 6, p. 88*), une correction rendue nécessaire par le fait que les trois départements cédés à l'Allemagne consommaient, pris ensemble, beaucoup plus de sucre qu'ils en produisaient, ce qui aggrave encore le problème des débouchés.

Globalement, en effet, la consommation, bien qu'en augmentation très sensible tout au long de cette période, est très loin de pouvoir suivre le rythme effréné d'accroissement de la production, que viennent encore accentuer les importations de sucres coloniaux et étrangers ; de 1845 à 1875, elle est multipliée par 2,2, pendant que les disponibilités totales le sont par 4,7, et, même après le ralentissement de la production des années 1875 à 1882, elle leur est encore inférieure d'un tiers (*Voir tableau n° 6*). La tendance est la même au niveau européen et mondial. La surproduction apparaît au cours des années 1860 et ne cesse de s'aggraver ensuite avec le "boum" de la sucrerie allemande et austro-hongroise à partir de la fin de cette même décennie ; de 1860 à 1884, la production européenne de sucre de betterave est multipliée par plus de sept.

Une telle évolution ne peut pas ne pas se répercuter sur les prix, comme on le voit sur le *graphique n° 2*. La baisse est pratiquement continue pendant toute cette période, atteignant, entre 1857 et 1883, 41 % pour le sucre de betterave 88° à Paris et 47 % pour la "bonne quatrième" (la qualité normalement produite par les habitations-sucreries antillaises) à Pointe-à-Pitre ; même si l'on tient compte du fait que les cours de 1857 sont exceptionnellement élevés, le repli est encore de 27 et 29 % respectivement au-delà de 1860. Au passage, notons que ce recul est plus important en Guadeloupe ; c'est la traduction chiffrée des difficultés supplémentaires rencontrées par les producteurs antillais pour trouver des débouchés dans cette conjoncture de surproduction.

1.2. Le choc de la concurrence

a) L'établissement du libre-échange et la fin du protectionnisme sucrier (1860-61)

Jusqu'à la fin des années 1850, les planteurs coloniaux n'ont absolument pas conscience des menaces que les mutations du secteur sucrier en Europe font peser sur eux et sur leurs habitations. Il est vrai qu'ils n'ont pas encore de problèmes majeurs pour écouler leur production. La loi de 1843, en consacrant définitivement l'existence de la sucrerie de betterave, met certes fin au quasi-monopole dans l'approvisionnement du marché métropolitain dont ils jouissaient depuis 1815, en vertu des lois protectionnistes de la Restauration (*Voir tome I*), mais elle n'a pas le temps d'entraîner des répercussions négatives majeures dans les colonies avant l'Abolition ; à la veille de celle-ci, les Antilles et la Réunion occupent les deux tiers dans le bilan sucrier de la France (*Voir tableau n° 6, p. 88*). Naturellement, la dépression post-abolitionniste fait lourdement chuter cette proportion de moitié, mais elle demeure ensuite pratiquement inchangée au dessus des 30 % pendant une dizaine d'années, parce que, même s'ils sont de moins en moins compétitifs face au sucre de betterave, les planteurs continuent de bénéficier de conditions extrêmement favorables d'accès au marché : la production métropolitaine est inférieure à la consommation, ce qui laisse une large place aux importations, le protectionnisme à l'encontre des sucres étrangers est maintenu pour l'essentiel, enfin, une loi du 13 juin 1851 octroie aux sucres coloniaux une détaxe de distance qui réduit sensiblement les frais d'approche jusqu'aux raffineries. Ce maintien des débouchés constitue l'un des facteurs majeurs de la reprise de la production antillaise dans les

Graphique n° 2 - *EVOLUTION DES COURS DU SUCRE DE 1845 A 1883*

Sources : J. Fiérain et *Annuaire de la Guadeloupe*

années 1850, mais, en contrepartie, il entretient les planteurs dans l'illusion de la pérennité du système "du père Labat", alors que les évolutions en cours n'en font déjà plus qu'un condamné en sursis.

Et effectivement, lorsque, au début de la décennie suivante, ils se trouvent brutalement confrontés à la concurrence, le réveil est douloureux. En janvier 1860, Napoléon III engage à son tour la France dans la voie du libre-échange, déjà empruntée par plusieurs autres pays européens, dont principalement la Grande-Bretagne, depuis une quinzaine d'années. Il s'en suit que, en un an à peine, de mai 1860 à juin 1861, le régime douanier des sucres coloniaux est complètement bouleversé ; la protection particulière dont ils bénéficiaient jusqu'alors sur le marché métropolitain contre les sucres étrangers est supprimée. En contrepartie, il est vrai, la loi du 3 juillet 1861 abolit les derniers vestiges du vieux système de "l'Exclusif", qui régissait depuis deux siècles les relations commerciales entre la France et ses colonies (*Voir tome I*), et celles-ci peuvent donc exporter librement toute leur production vers l'étranger. Mais ce nouveau débouché théorique n'en est pas un en pratique, car les sucres coloniaux se trouvent brutalement jetés sur un marché mondial où règne une concurrence sauvage.

b) Des sucres coloniaux non compétitifs menacés d'élimination du marché

En Europe, tout d'abord, la situation de surproduction généralisée engendre entre pays producteurs de sucre de betterave de vives rivalités commerciales, chacun subventionnant indirectement ses exportations par le biais d'une fiscalité intérieure "adaptée", malgré le libre-échange officiellement proclamé. C'est principalement le marché britannique, structurellement importateur et totalement ouvert aux sucres de toutes provenances, qui est ainsi visé, mais on n'hésite pas non plus, entre pays sucriers continentaux, à essayer de déverser ses excédents chez le voisin. A ce petit jeu, c'est l'Allemagne qui se montre la plus efficace ; l'augmentation continue des importations de sucres étrangers que l'on observe en France jusqu'en 1882 (*Voir tableau n° 6, p. 88*) est directement le résultat de sa politique particulièrement agressive dans ce domaine. C'est donc dire que les producteurs antillais et réunionnais, avec leurs appareils "du père Labat", n'ont pas de place dans cette mêlée, et même les usines coloniales modernes apparues après 1860 ont du mal à y entrer.

Hors d'Europe, le sucre de canne des Antilles françaises n'est pas non plus compétitif face à celui des autres pays de la Caraïbe ; d'après un rapport présenté en 1862 au Conseil Général de la Martinique, le coût du sucre brut d'habitation y serait 60 % plus élevé qu'à Porto-Rico et deux fois plus qu'à Cuba où continue de sévir l'esclavage. Il en résulte que, jusqu'en 1873, date d'un changement de la politique douanière américaine (*Voir infra*), le marché des Etats-Unis, pourtant lui aussi structurellement importateur, lui est presque totalement fermé. Les ventes à l'étranger ne représentent alors qu'un grand maximum de 10 % des exportations sucrières totales de la Guadeloupe.

Comme avant 1860, le marché français continue donc à être pratiquement le seul débouché ouvert à la production coloniale. Mais entre-temps, ici aussi, les conditions ont profondément changé, en conséquence du "boum" du sucre métropolitain de betterave, dont la production est multipliée par plus de trois entre 1861 et 1875 pour une qualité en amélioration constante. Non seulement ses coûts sont en diminution continue et les quantités produites désormais largement suffisantes pour couvrir seules, et même au-delà, la consommation, mais en outre, avec ses 88° de polarisation, il donne un excellent rendement au raffinage. Par conséquent, les sucres coloniaux, encore indispensables à l'approvisionnement de la France dans les années 1850, sont de moins en moins nécessaires maintenant ; leur place dans le bilan sucrier métropolitain régresse, tant en volumes qu'en proportions, ne représentant plus que 15 % de celui-ci à la veille de la crise mondiale (*Voir tableau n° 6, p. 88*). Naturellement, tous ne sont pas également touchés par ce repli. Ceux produits par les usines centrales modernes, qui offrent la même qualité et les mêmes résultats au raffinage que leurs homologues de betterave, trouvent sans difficulté leur place sur ce marché. Mais il n'en va pas de même pour ce qui concerne les sucres bruts de basse qualité produits par les habitations-sucreries "traditionnelles". Fabriqués selon des méthodes variables et incertaines, ils constituent un produit hétérogène et instable, d'une faible richesse saccharine (autour des 70°), et s'altérant en outre en cours de transport, qui ne donne par conséquent qu'un très médiocre rendement au raffinage ; très vite, les raffineurs des ports s'en détournent ou n'en achètent plus qu'en petites quantités et uniquement pour compléter leurs approvisionnements. A cela viennent s'ajouter les effets de la suppression, en 1871, de la détaxe de distance, qui avait été maintenue provisoirement au moment de la proclamation du libre-échange, ainsi que les conséquences de la loi du 29 juillet 1875, qui, en fixant désormais la fiscalité sucrière (impôt de fabrication et droits de douane) à la richesse saccharine, a clairement pour objectif de pousser à la modernisation des usines et à l'élimination des sucres "bas de gamme" qui encombrent le marché. Il en résulte que les habitations-sucreries antillaises ont de plus en plus de mal à écouler leur production en métropole.

Il est probable que cette évolution les aurait rapidement conduites à disparition si elles n'avaient eu la chance de voir s'ouvrir, au même moment, un nouvel et énorme marché aux Etats-Unis. En effet, le tarif douanier US de 1873, pour permettre le développement d'une industrie du raffinage, favorise les importations des sucres bruts étrangers, particulièrement les sucres roux de basses nuances. Dès l'année suivante, les exportations sucrières guadeloupéennes vers l'étranger commencent à augmenter, dépassant finalement les 40 % du total au début des années 1880 ; les Etats-Unis absorbent alors plus des trois quarts de la production des habitations-sucreries encore "roulantes".

c) Une conséquence apparemment contradictoire de la liberté commerciale : une plus grande dépendance des sucres coloniaux envers la métropole

Finalement, la proclamation du libre-échange a placé les producteurs coloniaux en général, et ceux de la Guadeloupe en particulier, dans une situation extrêmement défavorable pour ce qui concerne leur accès au marché. Les habitations-sucreries, pratiquement exclues de celui de la métropole, ont certes trouvé une solution de remplacement aux Etats-Unis, mais elles sont dans l'incertitude la plus totale sur le point de savoir pendant combien de temps encore elles pourront bénéficier de ce débouché providentiel, qui peut se refermer brutalement à tout moment. La situation des usines modernes est sans doute moins précaire, dans la mesure où elles demeurent compétitives face au sucre de betterave et peuvent donc vendre leur sucre en France, mais c'est là pratiquement leur seul débouché ; sauf un peu vers les Etats-Unis au début des années 1880, il ne semble pas qu'elles aient beaucoup voulu ou beaucoup pu écouler leur production à l'étranger. Or, s'il est pratiquement garanti, le débouché métropolitain est également limité. A partir de la fin des années 1860, les sucres coloniaux n'occupent plus dans le bilan sucrier de la France que la place mineure que les betteraviers veulent bien leur concéder. Il en résulte que, désormais, la nature et, pour partie, le volume de leurs ventes dépendent très largement d'une législation conçue par et faite pour les sucriers de l'Hexagone, à laquelle les producteurs coloniaux se raccrochent comme ils peuvent en demandant qu'on ne les oublie pas ; on le verra bien en 1884-86 (*Voir tome III*). C'est le début du grand mouvement d'intégration de l'industrie sucrière antillaise à celle de la métropole, qui ne cessera de s'accentuer ultérieurement jusqu'au règlement CEE de 1967 ; nous aurons souvent l'occasion d'y revenir dans le tome suivant.

2. *LA CREATION D'UN SYSTEME BANCAIRE MODERNE*

2.1. Les nouveaux besoins de financement des planteurs

Jusqu'en 1848, le financement de la production sucrière antillaise repose presque uniquement sur les crédits accordés aux planteurs par les commissionnaires établis dans les principaux ports des deux îles ; moyennant prise de gage sur la récolte future, ils leur fournissent chaque année les avances de trésorerie nécessaires au démarrage de la campagne avant l'encaissement des premières recettes (*Voir tome I*). Mais avec la proclamation de la Liberté, ce système s'effondre. Beaucoup de commissionnaires sont balayés par la crise et la dépression post-abolitionnistes, et ceux qui parviennent malgré tout à y survivre ne sont plus, globalement, en mesure de faire face aux nouveaux et énormes besoins de financement des habitations, tant à court qu'à long terme.

A court terme, tout d'abord, le passage du travail servile au salariat oblige les planteurs à accroître dans des proportions très importantes leur trésorerie ; à l'époque, on parle même d'un doublement. En effet, dans l'esclavage, ils avaient très peu besoin de liquidités pour entretenir la force de travail sur leurs habitations ; le plus souvent, les esclaves se nourrissaient eux-mêmes avec le système du "Samedi-Nègre" et le produit de leurs "jardins", et, pour le reste, quelques distributions complémentaires de morue ou de bas-morceaux de viande suffisaient. Maintenant, il faut payer un salaire ; si l'on estime, en reprenant les données disponibles pour le milieu des années 1850, à 30.000 le nombre de travailleurs dans la canne, fournissant chacun 250 journées par an, rémunérées 0,80 F par jour, ce sont donc 6 MF que les planteurs doivent trouver chaque année, soit environ la moitié de la valeur de leur production. Or, en 1853, moins de 10 % des habitations-sucreries disposent encore d'un fonds de roulement, et toutes les autres doivent emprunter à des taux s'élevant jusqu'à 10, 12, voire même 18 % ; aucun système productif ne peut fonctionner très longtemps dans de telles conditions.

La situation n'est pas meilleure pour ce qui concerne le long terme. Il faudrait investir pour moderniser les habitations, mais la capacité d'autofinancement des planteurs est extrêmement faible ; plus des trois quarts d'entre eux produisent à perte. Une énorme "faim de capitaux" travaille la Guadeloupe, pour laquelle n'existe dans l'immédiat aucune solution. L'indemnité accordée en 1849 aux anciens propriétaires d'esclaves pour les "dédommager" de leur "perte" est, nous dit le comte de Chazelles, l'un des plus représentatifs et des plus dynamiques d'entre eux, "emportée par la dette, dévorée par les besoins ou les procès, (et) le capital qui aurait pu s'en former n'existe plus ... (et) n'est d'aucun concours dans le mouvement de reconstruction du travail colonial". Son montant pour la Guadeloupe est fixé à 40,8 MF, dont 37,8 attribués aux planteurs, mais seule une toute petite partie de cette somme leur revient effectivement, en raison de la dette énorme (plus de 100 millions) qu'ils avaient accumulée depuis 1835 ; l'essentiel est immédiatement saisi par ou transféré à leurs créanciers, le peu qui demeure entre leurs mains fournit une trésorerie de redémarrage, et il ne reste pratiquement rien pour financer des investissements.

Dans les années qui suivent l'Abolition, il n'y a donc pratiquement plus de capital disponible en Guadeloupe, ni aucune perspective d'en avoir à échéance prévisible. La survie de l'industrie sucrière passe impérativement par la mise en place de nouveaux mécanismes de financement.

2.2. Le court terme : la Banque de la Guadeloupe (1853)

a) Création, organisation

Les banques coloniales créées au début des années 1850 sont, si l'on peut dire, "filles" de l'indemnité de 1849. Celle-ci se monte à 120 millions pour toutes les colonies, dont 40,8 attribués à la Guadeloupe : 35,9 M aux planteurs en rentes d'Etat à 5 %, qui passent immédiatement en quasi-totalité à leurs créanciers ; 1,9 M également aux planteurs en numéraire, qui financent le redémarrage des habitations ; et 3 M retenus d'office pour former le capital de la future banque lorsqu'elle sera créée. Dans les trois colonies insulaires, cette création intervient par la loi du 11 juillet 1851 ; au Sénégal et en Guyane par décret en 1853 et 1854 respectivement.

La Banque de la Guadeloupe ouvre son premier (et longtemps unique) guichet à Pointe-à-Pitre et commence ses opérations en février 1853. Son capital est de 3 millions de F, divisé en 6.000 actions nominatives de 500 F chacune. La loi de 1851 prévoyait la possibilité de l'augmenter par des souscriptions volontaires, mais les capitaux privés ne répondirent pas à l'appel, et la Banque est donc constituée uniquement à partir du fonds provenant de l'indemnité de 1849. Les indemnitaires reçoivent des titres jusqu'à concurrence de la retenue qu'ils avaient subie, mais la plupart d'entre eux s'empressent de les céder à leurs créanciers ou de les revendre pour se procurer des liquidités, et, très vite, l'essentiel du capital de la Banque glisse hors des mains des planteurs pour se concentrer dans celles d'un petit nombre de grands négociants pointois et métropolitains. Par la suite, par le jeu des déménagements, successions et ventes, les actions passeront progressivement en France, où est immatriculée la majorité d'entre elles à partir des années 1890. Plus qu'aux décisions de ses actionnaires, toutefois, la Banque est surtout soumise à la tutelle de l'Etat, qui dispose de représentants au Conseil d'administration, nomme le directeur (avec droit de veto sur les décisions du Conseil), et détient sur l'ensemble de ses activités un pouvoir général de contrôle qu'il exerce principalement à travers la Commission de surveillance des Banques coloniales ; assez évanescente dans les premières décennies, cette tutelle commence à s'exercer effectivement au cours des années 1890.

Bien que ces banques soient juridiquement des entreprises privées, la présence de l'Etat dans leurs organes de direction et son intervention dans leur fonctionnement sont justifiées dès le début par "le but d'intérêt général et d'utilité publique" pour lequel elles ont été créées, selon les termes de l'exposé des motifs du projet de loi de 1851. Leur domaine de compétences est en effet extrêmement vaste et s'étend à pratiquement tous les champs de l'activité bancaire de court terme, qui, en métropole, sont couverts par des types très différenciés d'établissements ; elles sont à la fois banques centrales, banques commerciales et banques agricoles.

b) Banque centrale

Dans l'organisation mise en place par la loi de 1851, chaque colonie constitue une zone monétaire autonome, dotée de son propre système d'émission et de sa monnaie distincte. C'est la banque locale qui est chargée d'en assurer la gestion ; ce faisant, elle remplit la fonction essentielle d'une banque centrale : la régulation monétaire, tant à l'intérieur du pays que dans ses relations avec l'extérieur.

Les banques coloniales jouissent tout d'abord du "privilège d'émission" de la monnaie fiduciaire, qui est renouvelé à plusieurs reprises par la suite (1874, 1901, 1919) jusqu'en 1944, date à laquelle il est transféré à la Caisse centrale de la France d'Outre-mer. Elles seules peuvent émettre des billets de banque ayant cours légal localement ; bien qu'elles portent le même nom que lui, ces monnaies coloniales sont complètement distinctes du Franc français, qui ne circule pas hors métropole. L'introduction de ce nouveau moyen de paiement dans des pays qui, jusqu'alors, ne connaissaient que les pièces, achève la monétarisation de leurs économies, en répondant aux énormes besoins de liquidités qui se manifestent désormais en conséquence de l'Abolition et du passage au salariat. L'augmentation lente mais continue de la circulation fiduciaire, qui fait plus que doubler en trente ans, est un facteur essentiel de la croissance et de l'amélioration du niveau de vie populaire que connaît la Guadeloupe jusqu'en 1883.

C'est, en second lieu, par l'intermédiaire de ces banques que passe l'essentiel des relations monétaires entre les colonies et l'extérieur. Celle de la Guadeloupe en assure la quasi-totalité dans les premières décennies, et encore 75 à 80 % à la fin du siècle, alors qu'entre-temps de nouveaux intervenants sont apparus sur ce marché. Pour cela, elle dispose chez son correspondant en France, le Comptoir d'Escompte de Paris, d'un compte-courant, qui est crédité du montant des traites émises par les exportateurs guadeloupéens au moment où ils expédient leur production en métropole, et inversement débité de celui des mandats délivrés par la Banque aux importateurs de la colonie pour payer leurs commandes ; ainsi se trouvent résolus par son intermédiaire les deux problèmes essentiels que pose le règlement des échanges de marchandises entre deux zones monétaires distinctes : le problème du change (des Francs guadeloupéens contre des Francs métropolitains) et celui du transfert de l'argent (de la Guadeloupe vers la métropole). Cette centralisation des flux de paiement dans les deux sens permet à la Banque d'opérer comme une chambre de compensation entre les créances et les dettes extérieures de la colonie, et donc de jouer un rôle déterminant dans la fixation du cours du change entre FG et FF (*Voir tome III*).

c) Banque commerciale

Les banques coloniales effectuent toutes les opérations qui sont celles des banques de dépôts en métropole. Elles reçoivent donc des dépôts "de tous titres, lingots, monnaies et matières d'or et d'argent", et accordent des avances à court terme, en compte-courant ou sur obligations garanties. Pour être admis à l'escompte, les effets qui lui sont présentés doivent être revêtus de deux signatures "notoirement solvables", la seconde pouvant toutefois être remplacée par la remise de garanties réelles, telles que récépissé de marchandises, connaissement, cession de récolte pendante, dépôt de valeurs mobilières, monnaies et autres matières d'or et d'argent.

Jusqu'au déclenchement de la crise sucrière, en 1884, le crédit commercial constitue la principale activité de la Banque de la Guadeloupe. Les "effets à deux signatures" forment régulièrement entre les deux tiers et les trois quarts de son portefeuille jusqu'au milieu des années 1860. Il semble d'ailleurs qu'elle se soit engagée beaucoup trop imprudemment dans cette voie, sans doute par faiblesse ou par complaisance envers quelques gros débiteurs à la solvabilité douteuse. En tout cas, en 1864-65, alors que les avances de ce type se montent à 19,7 MF, représentant 80 % du portefeuille, douze maisons de commerce de Pointe-à-Pitre et de Basse-Terre font faillite, laissant à la Banque une "ardoise" de plus de trois millions qu'elle mettra deux ans à "éponger". Cet accident la conduit à être désormais beaucoup plus prudente dans la distribution de son crédit au commerce. Le volume des prêts sur effets à deux signatures et leur poids dans le portefeuille tendent à diminuer, pour se situer légèrement au dessus de la moitié du total au début des années 1880. Mais c'est aussi parce que, entretemps, un nouveau type d'opérations a pris un grand développement : les prêts sur récolte (*Voir graphique n° 3*).

d) Banque agricole

La grande originalité des banques coloniales réside dans le fait qu'elles pratiquent aussi le financement de la production agricole. On peut même dire qu'elles ont été créées, sinon uniquement, du moins principalement pour cela, comme le note l'exposé des motifs du projet de loi de 1851 : "En posant le principe de la fondation des banques, on a entendu surtout venir en aide au planteur dont les conditions de la production se trouvent profondément troublées par l'abolition de l'esclavage".

Graphique n° 3 – *LES OPERATIONS DE PRET DE LA BANQUE DE LA GUADELOUPE JUSQU'EN 1883*

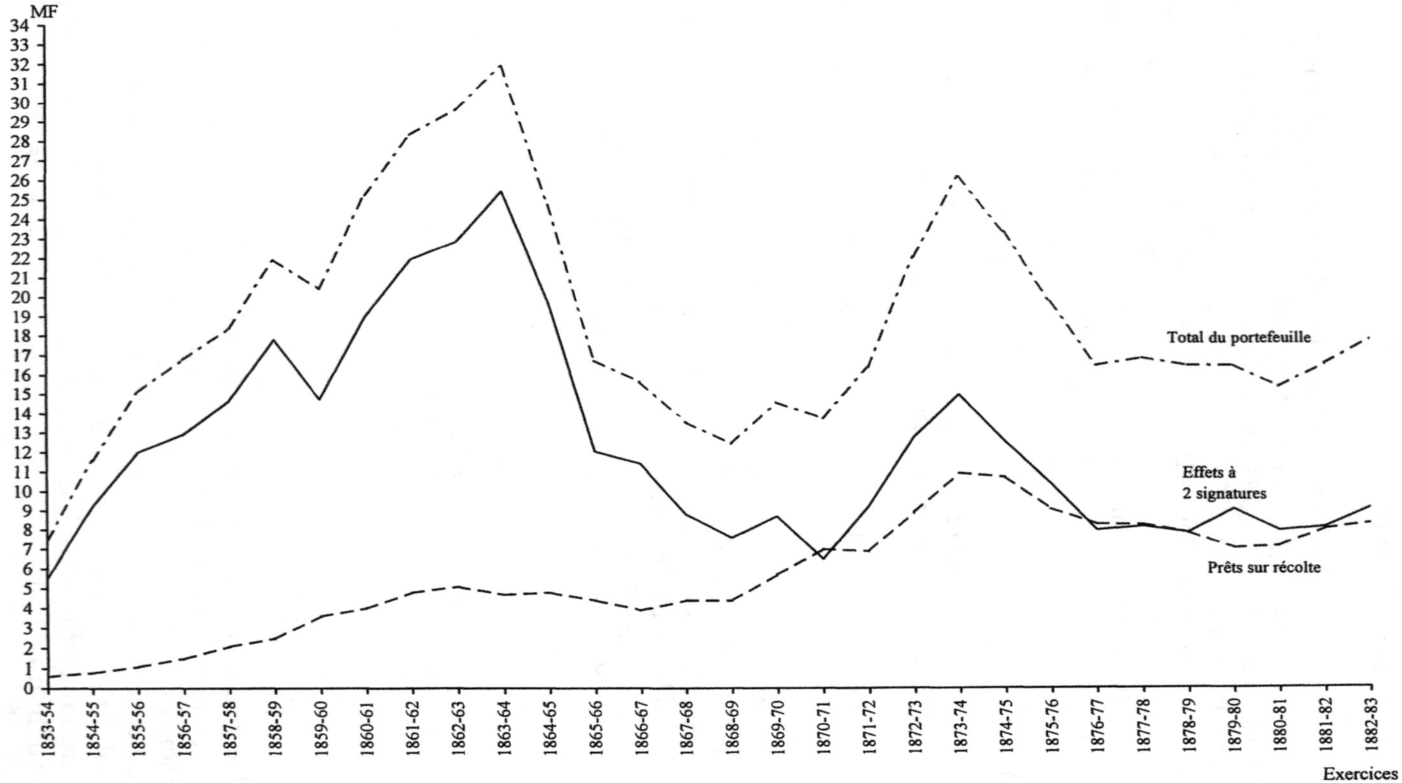

Source : *Annuaire de la Guadeloupe*

L'intervention des banques dans ce domaine passe essentiellement par l'octroi aux planteurs de prêts "sur cession de récolte pendante", destinés à leur fournir pendant l'intercampagne la trésorerie nécessaire pour faire face aux dépenses de faisance-valoir de leurs habitations (salaires, engrais, animaux, outillage ...) pour les opérations de plantation, entretien, sarclage, fumure, etc, le remboursement s'effectuant ensuite sur le produit de la récolte. Ce sont des prêts théoriquement à 120 jours, dont le montant ne peut normalement excéder le tiers de la valeur prévisible de la future récolte, telle qu'estimée à dires d'experts. Ils sont affectés d'un intérêt variant le plus souvent entre 6 et 8 %, selon la plus ou moins grande largesse ou étroitesse du marché monétaire local, mais les usines, qui empruntent des sommes considérables tant pour leurs propres habitations que pour celles de leurs fournisseurs de canne, dont elles se portent caution, bénéficient d'une remise d'un point par rapport aux autres emprunteurs. La création de la Banque a donc bien rempli à cet égard ce qui était l'un des principaux objectifs de sa création : faire baisser très sensiblement le loyer de l'argent. On observe toutefois que tous les producteurs agricoles de la Guadeloupe ne bénéficient pas également de cette innovation, car la Banque réserve presque exclusivement ses prêts sur récolte à la grande propriété sucrière : usines centrales et habitations-sucreries encore "roulantes" reçoivent 98 à 99 % de leur montant total, le reste allant à quelques dizaines d'habitations-caféières ; quant aux petits planteurs nègres, ils sont totalement exclus du crédit bancaire.

La Guadeloupe connaît un développement particulièrement spectaculaire des prêts sur récolte, qui passent de 7-8 % du total du portefeuille de la Banque dans les premières années à 47 % en 1882-83, à la veille de la crise sucrière, contre 51 % pour les effets à deux signatures, après avoir même dépassé provisoirement ceux-ci à la fin des années 1870 (*Voir graphique n° 3*). À la Martinique au même moment, les prêts sur récolte sont environ 2,5 fois moins élevés en volume, pour une production sucrière pratiquement comparable, et ne représentent que 11 à 12 % du portefeuille, contre plus de 80 % pour le crédit commercial. Cette comparaison entre les structures de l'activité des deux établissements souligne fortement l'insuffisance globale de moyens de financement dont souffre l'économie guadeloupéenne, comme le montre d'autre part le fait que les taux d'intérêts pratiqués localement soient régulièrement un à deux points plus élevés que ceux en vigueur à la Martinique. C'est là la cause structurelle de l'ampleur de l'engagement de la Banque dans le crédit sucrier. Sans doute contribue-t-elle ainsi puissamment à l'essor de la production au cours de ce tiers de siècle, mais en contrepartie elle prend des risques dont elle mesure mal les conséquences potentielles.

Pour répondre aux demandes de ses clients, en effet, la Banque est conduite à violer quasi-systématiquement les dispositions légales et statutaires encadrant la distribution de ses prêts sur récolte. Le plus grand laxisme règne ; un rapport de l'Inspection coloniale de 1875 dresse un tableau accablant de ses errements à cet égard. La proportion du tiers n'est pas respectée ; les prêts accordés sont toujours largement supérieurs à la limite statutaire. Les expertises de la valeur de la récolte sont inexistantes ou purement formelles ; établies le plus souvent d'après les déclarations non vérifiées des propriétaires d'usines et d'habitations, elles sont faites au début de l'intercampagne, en juillet ou août, et ne sont plus révisées par la suite, quelle que soit l'évolution des conditions climatiques ou économiques. Les règles relatives aux délais et aux échéances ne sont pas non plus appliquées : la Banque ouvre ses prêts "longtemps avant la formation de la récolte" ; elle laisse "se rejoindre et coïncider les derniers remboursements d'une campagne avec les premiers prêts de la campagne suivante", ce qui les détourne complètement de leur objet initial en les transformant en fonds de roulement permanent.

En agissant ainsi, la Banque ne fait que transcrire dans sa politique de crédit le consensus unanime dont bénéficient l'industrie sucrière en général et les usines en particulier dans tous les milieux dirigeants de la Guadeloupe. Et pour cause ! Ce sont ses plus gros clients ; les traites documentaires qu'elles lui remettent lui procurent l'essentiel de ses moyens de tirage sur la métropole, et ses diverses opérations avec elles lui assurent l'essentiel de ses bénéfices. Dans ces conditions, jusqu'à la fin des années 1890, il est tout simplement impensable que la Banque puisse refuser de leur accorder toutes les sommes qu'elles demandent ; "il suffit que l'usine donne sa signature pour que les prêts soient faits sans limite", note ce même rapport. On le voit bien en 1885, au moment du déclenchement de la crise sucrière : quand le directeur, inquiet de la tournure prise par la conjoncture, propose très prudemment "de réduire dans la mesure du possible presque tous les prêts concédés en dehors des limites vraies", il déclenche un tel tollé dans le Conseil d'administration qu'il doit immédiatement battre en retraite ; "ce serait porter une atteinte funeste (au) développement" des usines, lui objecte-t-on. Mais à terme, ce soutien si fortement appuyé de la Banque à l'Usine est gros de menaces pour l'avenir, et le rapport précité de l'Inspection coloniale lance à ce sujet un véritable cri d'alarme qui, *a posteriori*, ne va pas tarder à se révéler extraordinairement prémonitoire : "Le côté le plus inquiétant de la situation ... est l'excessive confiance de la Banque dans les usines centrales ... Les usines, après tout, sont dépendantes de la canne qui les fait vivre , et il n'est pas possible que leur solidité soit bien grande quand l'avenir de la canne est si incertain. La Banque aurait donc tort de s'appuyer sur elles les yeux fermés". Déjà apparaît en filigrane la crainte de voir l'établissement entraîné dans d'éventuelles difficultés de l'industrie sucrière. Nous verrons dans le tome suivant que c'est exactement ce qui se produira à la fin du siècle, et la Banque manquera de peu d'en mourir.

2.3. Le long terme : Crédit Colonial et Crédit Foncier Colonial (1860-63)

a) Le Crédit Colonial (1860)

La création des banques de 1851, si elle permet indiscutablement la reprise puis la croissance de l'économie sucrière des trois vieilles colonies insulaires, n'apporte, par contre, aucune solution de fond à leur problème du manque structurel de capitaux pour investir. Dans la seconde moitié de la décennie 1850, appels et initiatives se multiplient en vue de la réalisation de "combinaisons" dans ce sens, mais aucune n'aboutit dans l'immédiat ; trop d'incertitudes pèsent encore sur l'évolution économique future des Iles, concernant notamment la question de la main-d'oeuvre (l'organisation du travail ne "marche" pas) et le problème de l'énorme dette grevant la propriété foncière.

La situation se débloque enfin en 1860. Le bon état d'avancement de la négociation laisse espérer que la convention franco-britannique sur l'immigration indienne sera bientôt conclue (*Voir chap. II*). Tandis que, à force de déléguer leurs indemnités à leurs créanciers et/ou de se faire saisir leurs habitations à la requête de ceux-ci, les planteurs sont parvenus à diminuer très sensiblement leur endettement hypothécaire ; en Guadeloupe, il n'est plus "que" de 37 MF contre plus de 100 au moment de l'Abolition, représentant approximativement la moitié de la valeur totale des habitations contre plus de 150 % dix ans plus tôt. Le 24 octobre 1860, un décret impérial autorise la création de la Société de Crédit Colonial, au capital de 3 millions de F, derrière laquelle se trouvent un petit groupe de banquiers et capitalistes parisiens liés au Crédit Foncier de France et au Comptoir d'Escompte, quelques négociants et grands propriétaires engagés dans les affaires coloniales, dont certains (baron de Lareinty et Eugène Eustache à la Martinique, Adolphe Cottin en Guadeloupe) attendent avec impatience de disposer des fonds nécessaires à la création d'une usine moderne, et enfin Jean-François Cail, le grand constructeur de biens d'équipement sucrier, qui n'est pas moins impatient de pouvoir leur vendre ses matériels dès qu'ils auront obtenu les financements nécessaires.

Cette création rencontre très exactement les vœux de tous ces impatients. L'objet du Crédit Colonial est en effet de prêter aux planteurs antillais et réunionnais "les sommes nécessaires à la construction de sucreries ... ou au renouvellement et à l'amélioration de l'outillage des sucreries actuellement existantes". Il se procure les ressources nécessaires en émettant des emprunts obligataires sur le marché financier parisien ; ses prêts sont à vingt ans de terme et frappés d'un intérêt nominal de 6,38 %, mais qui, en ajoutant 2,62 % pour l'amortissement et 1 % de suppléments divers, atteint en réalité les 10 %. C'est un niveau très élevé, si l'on considère qu'au même moment, en métropole, on peut emprunter à long terme entre 5 et 6 %. En garantie de remboursement, la société exige, outre une inscription hypothécaire de premier rang sur les usines à construire, la jonction aux demandes de prêts de diverses pièces attestant de la réalité industrielle des opérations envisagées (notamment devis du constructeur) ainsi que des moyens propres dont disposent les emprunteurs (nombre de travailleurs et importance de la récolte de canne), et toutes autres garanties supplémentaires que ceux-ci pourraient éventuellement offrir.

Au cours de sa brève existence (deux années d'activité effective seulement, en 1861 et 1862), le Crédit Colonial accorde aux planteurs des trois îles une quarantaine de prêts montant ensemble à 7,3 MF, dont 14 prêts et 2,6 MF à la seule Guadeloupe. Son intervention lance de façon décisive le mouvement de modernisation de l'industrie sucrière antillaise, en apportant aux fondateurs de neuf usines une proportion le plus souvent très élevée (entre 40 et 60 % pour six d'entre eux) de leur financement initial [1]. De ce point de vue, l'institution est indiscutablement une réussite.

---

1. *Guadeloupe* : Beauport, Clugny, Trianon, Courcelles, Desmarais, Blanchet, Sainte-Marthe ; *Martinique* : Galion et Lareinty.

b) La transformation du Crédit Colonial en Crédit Foncier Colonial (1863)

Malgré tout, le Crédit Colonial ne répond que très imparfaitement aux attentes soulevées localement par sa création. En effet, il n'accorde que des prêts industriels, sous des conditions strictes et avec des exigences fortes en matière de garanties, et l'immense majorité des planteurs, enfermés dans le système "du père Labat" et sans aucun projet de modernisation, ne peuvent donc y avoir accès. En outre, la durée de ses prêts est limitée à vingt ans, et surtout le volume total de ses opérations ne peut, statutairement, dépasser les 18 MF ; or, en deux ans seulement, plus de 7 millions de prêts ont déjà été accordés, et il est clair qu'il n'y en aura pas pour tout le monde. Ce dont ont besoin les planteurs, et qu'ils réclament à cor et à cris, c'est d'un véritable organisme de crédit foncier, prêtant largement, à trente ans et pratiquement sans contrôle, pour leur permettre d'assurer, croient-ils, la survie de leurs habitations-sucreries.

La transformation du Crédit Colonial en Crédit Foncier Colonial (CFC) donne en apparence satisfaction à leur revendication. Engagé à partir de février 1863, le processus s'achève avec le décret du 31 août de la même année approuvant l'opération, et la nouvelle société ouvre ses prêts au début de 1864.

Avec un capital augmenté à 12 MF, un volume maximum de ses prêts porté à dix fois le montant du capital social, et un domaine d'activité très sensiblement élargi, le CFC va pouvoir diversifier et étendre considérablement le champ de ses opérations. Celles-ci s'orientent désormais dans trois directions. L'essentiel consiste, comme le demandaient les planteurs, en des prêts fonciers ; cette catégorie représente 71 % de l'ensemble des financements accordés en Guadeloupe pendant toute son existence. Naturellement, il continue aussi de pratiquer le prêt industriel au secteur sucrier, mais ce n'est plus désormais qu'à titre accessoire (28 % du total). Enfin, il peut également accorder des prêts à des habitations en cultures "secondaires" (quelques-uns), aux colonies elles-mêmes ou à leurs communes (120.000 F à la ville de Basse-Terre en 1873, par exemple), ainsi qu'à des particuliers (un petit nombre de prêts dits "urbains"), mais, tout réuni, cela ne représente même pas 1 % du total. Les demandes sont instruites par une commission coloniale, qui statue en première instance sur le montant du prêt accordé, celui-ci ne devenant toutefois définitif qu'après ratification par le Conseil d'administration. La durée des prêts varie de 5 à 30 ans ; ce dernier terme est quasisystématique pour les prêts fonciers. L'intérêt nominal est de 8 %, auxquels viennent s'ajouter 1,20 % de "frais d'administration" ainsi que divers autres suppléments qui portent finalement le total très près des 10 % antérieurement pratiqués par le Crédit Colonial. Comme celui-ci, enfin, le CFC finance ses prêts par des émissions d'obligations sur le marché financier parisien.

La grande différence entre les deux sociétés réside dans le système de sûretés sur lesquelles reposent leurs prêts. Comme le Crédit Colonial, le CFC prend sur les habitations de ses emprunteurs une inscription hypothécaire de premier rang, mais là s'arrêtent ses exigences ; il ne leur demande rien d'autre et notamment pas d'informations sur leurs capacités de remboursement. C'est, en effet, qu'à la garantie individuelle de ses emprunteurs est venue se substituer celle, collective, des trois colonies bénéficiaires, qui s'engagent à accorder chaque année sur leur budget local une subvention éventuelle, d'un montant maximum de 250.000 F aux Antilles et 500.000 à la Réunion, destinée à assurer en cas de besoin le paiement des annuités dues par les emprunteurs défaillants. La conclusion d'une convention particulière en ce sens avec chacune d'elles constituait une condition impérative pour que la société accorde ses prêts. Soumis aux pressions ministérielles, éblouis par l'apparente facilité avec laquelle il sera possible d'obtenir des prêts, et entièrement dévoués aux intérêts des Grands-Blancs sucriers qui y détiennent la majorité, les trois conseils généraux n'hésitent pas à donner leur accord sans trop s'interroger sur ce à quoi ils s'engagent, et engagent leurs successeurs pendant quarante ans, durée du privilège accordé au CFC ; une seule voix contre s'élève à la Réunion, et aucune aux Antilles. Trente ans plus tard, Souques n'hésitera pas à déplorer devant le Conseil Général (février 1892), "cette transformation regrettable du Crédit Colonial en Crédit Foncier Colonial", source de tous les malheurs des planteurs et du budget local avec cet organisme, "malheurs qui eussent été évités si l'on avait pu continuer d'exiger la justification des sommes dépensées sur les prêts effectués" ; mais sur le moment, il n'avait, lui non plus, rien dit. "Pour intéresser à l'outre-mer un capitalisme qui n'était plus tenté par l'aventure, il (a) fallu prendre toute une série de mesures visant à limiter les risques", note Alain Buffon avec la sobriété qui sied au style universitaire ; mais les contemporains sont beaucoup plus brutaux, qui n'hésiteront pas ultérieurement, quand l'aventure aura mal tourné pour les finances locales, à parler à ce sujet de "soulte coloniale".

c) Les opérations du CFC : l'évolution de sa politique de prêt de 1864 à 1888

Après une année 1863 sans prêts consacrée à la création de la nouvelle société et à la mise en place de ses organes coloniaux (agences, commissions coloniales), le CFC commence ses opérations au début de 1864 ; jusqu'en 1888, date à laquelle elles sont suspendues, il accorde aux planteurs et usiniers des trois îles un volume brut de 58,2 MF de prêts (*Voir tableau n° 7*). Ce sont ceux de la Guadeloupe qui lui empruntent le plus, avec 40,8 % du total, alors qu'inversement ceux de la Martinique n'en reçoivent que 25,5 % seulement ; cette forte différence constitue la traduction chiffrée d'une situation dans laquelle le capital disponible localement est, nous le verrons (*Chap. IV*), beaucoup plus rare dans la première des deux îles que dans la seconde. La Réunion, pour sa part, bénéficie de 33,7 % des prêts du CFC, mais avec une extrême concentration dans le temps, puisque 89 % de ceux-ci lui sont accordés en trois ans à peine, de 1864 à 1866, et pratiquement plus rien ensuite ; l'énorme crise sucrière qui éclate l'année suivante et ravage l'île jusqu'à la fin du siècle explique, évidemment, que l'organisme de crédit y interrompe alors presque totalement ses opérations.

La politique de prêts suivie par le CFC en Guadeloupe passe par trois phases.

La première s'étend sur les quatre premiers exercices (1864 à 1867). C'est le temps de l'euphorie : les demandes affluent, la société n'est guère regardante et s'empresse le plus souvent de donner satisfaction aux planteurs. Sur ces quatre années seulement, la colonie reçoit le tiers du total des prêts qui lui sont accordés par le CFC pendant toute son existence.

Malgré les apparences, cette activité fébrile des premiers temps n'est pas un signe de succès, mais au contraire la manifestation d'une dérive inquiétante. L'examen des prêts accordés en Guadeloupe, tels que nous pouvons les connaître à travers les annonces publiées dans la presse locale, montre en effet clairement que le système est déjà très largement détourné de ses objectifs initiaux.

Il l'est tout d'abord par le CFC lui-même. Assuré du remboursement en tout état de cause, soit directement par les emprunteurs, soit indirectement par le budget colonial, la société se désintéresse

Tableau n° 7

LES PRETS DU CREDIT COLONIAL ET DU C. F. C.

	GUADELOUPE		MARTINIQUE	REUNION	TOTAL	
	Nbre	Montants x 1000 F	Montants x 1000 F	Montants x 1000 F	Nbre	Montants x 1000 F
1861+62	14	2.594	*(2.335)*	2.405	*(env. 40)*	7.334
1864	53	3.801	} *(4.126)*	} *(13.399)*	} *(210)*	9.046
1865	*(39)*	*(1.907)*				14.447
1866	26	990	2.398	4.178	89	7.556
1867	20	1.285	914	340	42	2.539
1868	17	966	504	606	36	2.076
1869	18	889	408	348	38	1.645
1870	5	130	160	170	10	460
1871	2	81	190		4	271
1872	5	137	342		13	479
1873	8	374	212		12	586
1874	6	*(306)*	*(51)*		7	357
1875	7	*(474)*	*(204)*		10	678
1876	12	1.075	528		22	1.603
1877	6	335	330	50	12	745
1878	5	170	220	290	15	680
1879	6	620	980		8	1.600
1880	2	1.015	251	12	8	1.278
1881	2	320	335	250	8	905
1882	5	3.235	354		7	3.589
1883	3	50	234		8	284
1884	2	75	70		5	145
1885	1	200	825		5	1.025
1886	6	3.550	125		7	3.675
1887	4	1.735	38		5	1.773
1888			1.047		3	1.047
TOTAL C. F. C	260	23.720	14.846	19.643	584	58.209
TOTAL GENERAL	**274**	**26.314**	**17.181**	**22.048**	**624**	**65.543**

Sources : Rapports à l'AG et *varia*. Les chiffres en italiques et entre parenthèses sont des reconstitutions.

Les montants sont des chiffres bruts. Ce sont les prêts accordés par le Conseil d'administration, déduction non faite des sommes non utilisées et des réductions et régularisations postérieures. Compte-tenu de tous ces éléments, le total des prêts effectivement accordé à l'ensemble des colonies de 1861 1888 ne serait que de 59.256.000 F, mais nous n'avons malheureusement pas le détail par colonie.

totalement de l'emploi des fonds empruntés. Il en résulte une énorme exagération des prêts qui, pour la plupart, n'ont aucun rapport réaliste avec la valeur des habitations offertes en garantie et dont les propriétaires demandent et obtiennent des sommes considérables qu'ils seront prévisiblement et très évidemment incapables de rembourser, "experts" du CFC et commission coloniale faisant souvent preuve d'une complaisance suspecte à cet égard. Le rapport prêt/valeur d'estimation se situe le plus souvent entre 40 et 60 %, ce qui est déjà excessif quand il s'agit d'habitations peu ou pas cultivées et pratiquement abandonnées, mais il arrive parfois même que le montant du prêt soit supérieur à la valeur vénale des propriétés de l'emprunteur ; ainsi l'habitation Marquisat, à Capesterre, achetée pour 300.000 F en 1864, estimée à 680.000 (!) par la commission coloniale, sur le rapport de laquelle le Conseil d'administration accorde un prêt de 340.000 F, et expropriée dès 1866.

Le détournement résulte, en second lieu, de l'utilisation que les emprunteurs font des sommes reçues. Sur les 235 prêts accordés en Guadeloupe jusqu'en 1879, 26 seulement financent des opérations de modernisation pouvant être qualifiées véritablement d'industrielles, avec pour objectif de sortir totalement et définitivement du système "du père Labat" au profit de la technologie la plus récente, et seize d'entre eux débouchent finalement sur la création, l'achèvement ou l'extension de douze usines centrales [1]. A côté, une trentaine d'habitations-sucreries utilisent une partie au moins de leur prêt pour financer des améliorations plus ou moins importantes de leur fabrication (installation d'un moulin à vapeur, notamment). Et tous les autres bénéficiaires empruntent non pas pour moderniser leurs habitations, mais pour se procurer là les liquidités qu'ils ne peuvent plus trouver ailleurs, en espérant "tenir" quelques années supplémentaires avec leurs moulins à eau ou à vent dans l'attente d'un miracle ou, plus probablement, de l'expropriation.

Car le CFC est un créancier impitoyable : que l'emprunteur ne puisse rembourser un seul semestre d'annuité, et il met immédiatement en œuvre la procédure d'expropriation forcée, qui débouche inévitablement sur la ruine, d'abord du débiteur défaillant, puis, le plus souvent, de l'habitation elle-même. De 1866 à 1884, 91 habitations-sucreries sont ainsi expropriées à la requête de la société

1. Duquerry, Blanchet, Montmein, Duval, Sainte-Marthe, Gentilly, Bonne-Mère, Moulin-à-Eau, Courcelles, Duchassaing, Clugny, Zévallos.

de crédit, sans compter celles qui, trop lourdement endettées envers elle pour des emprunts excessifs, sont vendues "volontairement" par leurs propriétaires à une usine avant de subir le même sort ; nous connaissons une trentaine de cas au moins.

En rappelant aux planteurs les risques qu'ils prennent à emprunter sans projet industriel, cette montée des expropriations forcées, jointe à la crise générale qui frappe au même moment le système "du père Labat" (*Voir chap. IV*), explique le ralentissement du rythme des prêts que l'on observe à partir de la fin des années 1860 sur le tableau n° 7. C'est la *seconde phase* de l'évolution de la politique du CFC en Guadeloupe. Il continue de prêter, certes, mais les habitations-sucreries encore "roulantes" n'empruntent plus guère, et l'essentiel en volume des financements qu'il accorde a pour objet de permettre à des usines déjà en activité de compléter leurs installations ; au début des années 1880, il délivre ses deux derniers prêts de modernisation industrielle, l'un pour la création de Marquisat, l'autre pour le transfert de Montmein à Capesterre de Marie-Galante.

Mais à ce moment-là, le CFC est déjà entré dans la *dernière phase* de l'histoire de ses prêts, ceux destinés à sauver de la faillite des usines en situation de détresse financière et qui entrent dans l'engrenage redoutable des dettes destinées à payer d'autres dettes. Le mouvement débute en 1880 à Clugny, qui est en train de se noyer dans son endettement, il se poursuit deux ans plus tard à Darboussier, pour permettre à Souques, son propriétaire, de liquider sa position à l'égard de la maison Cail, et il s'accélère enfin considérablement à partir de 1885, en conséquence du déclenchement de la grande crise sucrière mondiale, l'année précédente, qui place pratiquement toutes les usines au bord du gouffre (*Voir tableau n° 8*). Jusqu'à la cessation de ses prêts, en 1888, c'est désormais presque uniquement en ceci que consiste l'activité du CFC en Guadeloupe. On est frappé par l'énormité des sommes en cause ; les huit opérations dont il est question ici ne représentent que 3,1 % du nombre total de prêts accordés dans l'île par le CFC pendant toute son existence, mais 34,4 % des montants.

d) Un bilan globalement négatif

Finalement, le bilan d'ensemble de l'institution apparaît globalement très négatif, même en y incluant le Crédit Colonial. Celui-ci était très exactement adapté aux problèmes de modernisation de l'industrie sucrière, mais on ne peut, par contre, en dire autant du CFC. A

Tableau n° 8

LES PRETS "DE SAUVETAGE" DU C. F. C AUX USINES DANS LES ANNEES 1880

Année de réalisation	Usine bénéficiaire	Montant x 1.000 F accordé par	
		Commission coloniale	Conseil d'administration
1880	Clugny	975	975
1882	Darboussier	2.000	2.000
1885	Duchassaing	?	1.000
1885	Marly	?	500
1887	Duval	1.500	1.000
1888	Gentilly	400	400
1888	Darboussier	1.300	1.300
1888	Beauport	1.300	1.000

Source : Arch. d'Outre-Mer, minutes du notaire L. Guilliod.

Nota 1 : Un prêt de 400.000 F est également accordé en 1885 à Bologne, mais il n'est finalement pas réalisé.

Nota 2 : Il y a manifestement un problème de concordance entre les données ci-dessus, dont l'origine notariale offre toutes garanties d'exactitude, et celles reproduites tableau n° 7, p. 110, qui proviennent des rapports du Conseil d'administration. Il semble que les prêts réalisés sur place en 1885 n'aient été comptabilisés au siège que l'année suivante. D'autre part, on se demande où sont passés comptablement les trois prêts de 1888, qui n'apparaissent nulle part dans les rapports de l'AG. Il y a là un mystère auquel nous ne pouvons apporter de réponse.

l'actif de l'intervention cumulée des deux sociétés en Guadeloupe se trouvent, certes, les 6.570.000 F apportés à la création *stricto sensu* d'usines, contribuant pour 24 % au financement total de celle-ci, auxquels viennent s'ajouter 2.130.000 F de prêts industriels postérieurs pour des opérations d'investissement, agrandissement, extension de capacité, installation d'équipements plus performants, etc. Au total, sur les 22 usines existant dans l'île en 1884, seize se sont modernisées grâce aux prêts du Crédit Colonial/CFC. Mais en face, que de dégâts causés par son intervention ! Les prêts agricoles accordés dans l'euphorie de la période 1864 à 1867 n'ont servi qu'à prolonger artificiellement de quelques années la survie de leurs bénéficiaires, et, en 1892, Souques n'hésite pas à qualifier le CFC de "tombeau des habitations". Encore une dizaine d'années, et il pourra dire cela des usines elles-mêmes ; au début du XXe siècles, à l'exception de Gentilly, toutes celles qui avaient emprunté au début des années 1880 en croyant se sauver auront été, soit expropriées (Clugny, Duchassaing, Marly, Duval), soit tombées en faillite ou en quasi-faillite (Beauport, Darboussier). Même quand elle avait joué initialement un rôle très positif pour les planteurs, en finançant notamment la modernisation de leurs entreprises, l'intervention du CFC s'est finalement avérée meurtrière pour eux.

Bien sûr, l'évolution très négative de la conjoncture pèse lourdement sur ce désastre. Toute l'histoire de l'institution se déroule, d'abord sur fond de baisse du prix du sucre, jusqu'en 1883, puis d'effondrement au-delà. Mais là n'est pourtant pas l'essentiel. En réalité, au-delà de ses objectifs affichés, le CFC a clairement pour fonction de drainer systématiquement vers la métropole tout le capital (le peu de capital !) encore disponible dans les colonies. Pour reprendre le fort propos du rapporteur sur le budget de 1892 au Conseil Général, c'est à une véritable mise "en coupe réglée" méthodiquement organisée de l'ensemble des ressources publiques et privées de la Guadeloupe à laquelle il se livre.

En témoignent tout d'abord les conditions draconiennes de ses prêts et les taux d'intérêt pratiquement usuraires qu'il impose à ses emprunteurs, qui aboutissent à leur faire rembourser plus de deux fois le capital emprunté pour un prêt de vingt ans et plus de trois fois pour un prêt trentenaire. Quant au fonctionnement de la garantie coloniale, le CFC, exploitant habilement les lacunes et les imprécisions de la convention de 1863, va, à coups de recours devant le Conseil d'Etat, en imposer une interprétation extensive, laissant l'administration et le Conseil Général le plus souvent désarmés devant ses exigences, ses manœuvres et l'opacité de sa gestion des habitations expropriées. Il parvient ainsi à faire prendre en charge par les budgets coloniaux non seulement les annuités de remboursement laissées impayées par ses débiteurs défaillants, mais aussi les frais et les pertes du séquestre pris éventuellement sur leurs habitations, mais encore les moins-values sur sa créance en principal essuyées lors de la vente, et même ultérieurement la revente, des propriétés expropriées. En outre, il refuse obstinément de communiquer à l'administration de la colonie l'état des sommes dues et la situation de ses débiteurs, de façon à pouvoir moduler les expropriations sans dépasser le montant annuel maximal de la garantie coloniale. Plus fort encore, en 1884, quand les usiniers aux abois lui réclament d'urgence de nouveaux et énormes prêts pour éviter la faillite, il impose à l'assemblé locale de la porter de 250 à 500.000 F par an. De 1867 à 1908, le budget colonial verse dans les 3 MF au CFC au titre de sa garantie, auxquels il faut encore ajouter un million pour solde de tout compte, en vertu de la transaction de 1907 qui dégage enfin la colonie de cette étouffante camisole ; ce total de 4 millions est à rapprocher du montant de la dette publique de l'île au même moment, qui est alors de 6,6 MF.

Dans une précédente étude, nous avions, sur la base des informations alors disponibles, estimé entre 50 et 55 MF les sommes payées au Crédit Colonial + CFC par les emprunteurs et le budget colonial de la Guadeloupe ; aujourd'hui, nous porterions volontiers, en "pesée globale", ce chiffre à 75 millions au moins pour 26 millions de prêts. Déduisons les trente millions ou environ d'intérêts et capital qui correspondent à un véritable effort de modernisation de l'industrie sucrière, et il en reste une quarantaine au moins payée pour rien. Voilà le bilan *réel* de ce qu'il est habituellement convenu d'appeler une entreprise d' "exportation" de capitaux métropolitains vers la Guadeloupe. Dans un travail récent, le Réunionnais Sudel Fuma emploie, à propos de l'action du CFC dans son île, où le problème se pose dans les mêmes termes, l'expression d' "impérialisme économique" ; nous préférons pour notre part le terme de *pillage*.

CHAPITRE IV

LES MUTATIONS STRUCTURELLES DE LA PRODUCTION

En moins d'un demi-siècle, le vieux système "du père Labat" s'effondre, remplacé par une vingtaine d'établissements modernes produisant deux fois plus de sucre que lui. Le passage de l'habitation-sucrerie à l'usine centrale comme structure de base de la production constitue le basculement majeur de l'histoire économique des Antilles. Les conséquences qu'il entraîne ne sont pas seulement technologiques et industrielles, mais concernent, plus largement, l'ensemble des déterminants de l'activité, en raison de la capacité des usines à peser sur leur environnement économique et à le modifier en fonction de leurs intérêts et des nécessités de leur gestion : culture de la canne, structures foncières, besoins de financement, relations avec le marché, tout est bouleversé. Il n'est pas jusqu'à la vie politique locale qui ne soit à son tour modifiée par l'émergence de cet acteur nouveau, et bientôt monstrueux : *l'Usine*.

1. DIFFICULTES ET DECLIN DES HABITATIONS-SUCRERIES

Tout au long des trois chapitres qui précèdent, nous avons, à l'occasion de l'examen d'autres questions, souventes fois fait référence aux difficultés des habitations-sucreries "traditionnelles" et au déclin du système "du père Labat". Le moment est maintenant venu d'intégrer tout ceci dans une approche d'ensemble.

1.1. Les derniers feux du système "du père Labat"

a) Les habitations-sucreries à la fin de la période esclavagiste

Jusqu'aux années 1840, la production sucrière antillaise repose exclusivement sur l'activité de plusieurs centaines de grandes plantations familiales appelées "habitations-sucreries". Ce sont des entreprises agro-manufacturières d'imposantes dimensions (100 à 150 ha et une centaine d'esclaves), intégrées (elles sont à la fois plantations de canne et manufactures sucrières) et autonomes (elles ne manipulent que leurs propres cannes). Leurs techniques de fabrication sont rudimentaires et reposent presque uniquement sur l'emploi d'une main-d'œuvre servile misérable et maltraitée ; l'extraction du vesou se fait par des moulins à eau, à vent ou à bêtes, l'évaporation et la cristallisation à feu nu dans des chaudières à l'air libre, la séparation du sucre et du sirop par égouttage de la masse cuite *(Voir tome I)*. L'inspecteur des Finances Lavollée, qui visite les Antilles en 1839, note à leur sujet que "les procédés de fabrication sont tellement imparfaits qu'on est étonné qu'il soit possible d'obtenir du sucre en travaillant ainsi". En moyenne, les habitations-sucreries produisent, à la veille de l'Abolition, dans les 50 à 75 tonnes par an d'un sucre brut de médiocre qualité à 70° de polarisation, appelé "bonne quatrième". A peu près définitivement fixé dès les années 1670 et très peu modifié par la suite pendant près de deux siècles, ce mode d'organisation de la production est qualifié de "système du père Labat" ("moulins du père Labat", "chaudières du père Labat"), du nom du célèbre dominicain qui géra pendant onze ans à la fin du XVIIe siècle l'habitation-sucrerie de son ordre, à la Martinique, et nous laissa, dans son *Nouveau voyage aux Isles de l'Amérique*, une description devenue depuis un grand classique de la littérature historique antillaise.

C'est en 1835 que ce mode d'organisation de la production connaît son apogée, en même temps que l'esclavage lui-même, auquel il est très directement lié. Au-delà, commence son déclin structurel qui s'achèvera dans les toutes premières années du XXe siècle avec la disparition des quelques habitations-sucreries encore en activité (*Voir tableau n° 9*).

Au point de départ de cette évolution se trouve évidemment la crise générale et finale du système esclavagiste dans son ensemble, qui ne cesse de s'aggraver tout au long de la décennie 1840, et dont l'essor de la sucrerie de betterave, par la baisse des cours qu'il entraîne, vient encore accentuer les effets. La diminution du nombre

Tableau n° 9

LES HABITATIONS-SUCRERIES DE LA GUADELOUPE APRES L'ABOLITION DE L'ESCLAVAGE

	Nombre total d'hab. en canne	dont habitations sucreries	%	Nature des moulins eau	vent	animaux	vapeur	% vapeur
1835	620	620	100,0					
1847	530	(env. 490)	92,4					
1854	499	(env. 450)	90,2				(env. 25)	5,5
1862	462	411	88,9	137	194	8	72	17,5
1865	439	365	83,1	122	164	6	73	20,0
1869	420	262	62,3	81	96	1	84	32,1
1877	552	197	35,7	63	68	3	63	32,0
1882	662	188	28,4	66	56	6	60	31,9

Source : *Statistiques coloniales*

d'habitations-sucreries en activité en Guadeloupe est spectaculaire, mais celles qui disparaissent alors sont probablement des unités marginales, économiquement et écologiquement, qui ne devaient leur existence qu'à la conjoncture exceptionnellement favorable des années 1815 à 1835 (*Voir tome I*).

b) L'illusoire survie des années 1850

Contrairement à ce que l'on pourrait penser, l'abolition de l'esclavage n'entraîne pas automatiquement une hécatombe d'habitations-sucreries. Bien sûr, elles sont une quarantaine à cesser définitivement leur activité, mais, en rythme annuel moyen, le phénomène est près de deux fois moins rapide qu'avant (5,7 arrêts par an de 1847 à 1854 contre 10,8 entre 1835 et 1847). C'est une preuve de plus parmi d'autres que, une fois surmonté le choc de 1848, la dépression post-abolitionniste n'a finalement pas été aussi profonde qu'on le croit généralement.

Ce que confirme, d'ailleurs, l'évolution au cours de la seconde moitié de la décennie 1850. Malgré les difficultés qui les assaillent, le rythme des disparitions d'habitations-sucreries continue de ralentir

(4,9 par an de 1854 à 1862), parce que les conditions d'obtention et d'écoulement de leur production permettent provisoirement le maintien du système "du père Labat" pendant quelques années encore.

S'agissant tout d'abord des facteurs de la production, le milieu de la décennie 1850 voit enfin résolus, du moins en apparence, les deux problèmes majeurs qui taraudaient les planteurs depuis l'Abolition : celui de la maîtrise de la force de travail, selon des modalités et à des coûts salariaux fixés *a minima* par eux, avec, tout d'abord, la mise en place de "l'organisation du travail" et le maintien par la contrainte des "cultivateurs" créoles sur les habitations, puis, vers la fin de la décennie, l'arrivée en masses d'immigrants indiens et africains ; et celui du financement à court terme de la production, avec la création de la Banque de la Guadeloupe et la distribution par elle de ses prêts sur récolte. Il semble également qu'un effort relativement important de modernisation ait été fait au cours de cette période, comme le montre l'augmentation spectaculaire du nombre de moulins à vapeur que l'on constate entre 1854 et 1862 sur le tableau n° 9.

Pour ce qui concerne, d'autre part, l'accès au marché, les planteurs antillais disposent encore pour quelques années de débouchés relativement solides en France. La production métropolitaine de sucre de betterave, quoiqu'en accroissement rapide, n'est pas suffisante pour couvrir seule toute la consommation, le protectionnisme sucrier est maintenu inchangé jusqu'en 1860, les prix demeurent élevés jusqu'en 1857, et la détaxe de distance dont bénéficient les sucres coloniaux à partir de 1851 leur permet de compenser en partie leur handicap de coût.

Finalement, à la fin des années 1850, beaucoup de planteurs en sont encore à croire en une possible survie, au moins à moyen terme, des habitations-sucreries "traditionnelles". Après tout, depuis 1848, elles ont surmonté toutes les difficultés, résisté à la concurrence du sucre de betterave et, localement, à celle des premières usines centrales, porté la reprise de la production pratiquement jusqu'à ses niveaux "d'avant", et ce sont toujours elles, et non les rares usines en fonctionnement, qui constituent la norme organisationnelle de l'activité sucrière aux Antilles ; en 1860, elles fournissent 86 % de la production de la Guadeloupe. En apparence, le système "du père Labat" semble donc continuer pratiquement à l'identique.

Mais ce n'est qu'une illusion. Tout cet édifice est branlant, miné par les problèmes non résolus. L' "organisation du travail" se heurte à l'énorme résistance de la population créole et finit par s'effondrer entre 1858 et 1860, les immigrants coûtent cher, les cours du sucre commencent à diminuer à partir de 1858, la concurrence du sucre de betterave est de plus en plus sévère et les capitaux manquent pour y résister. Il suffirait de peu de choses pour que tout s'écroule.

1.2. L'irrésistible déclin d'un système obsolète (1860-1883-1906).

a) L'effondrement (décennie 1860)

C'est à partir de 1860 que tout bascule ; le nombre annuel moyen d'habitations-sucreries arrêtant leur fabrication directe, qui n'était encore que de 4,9 entre 1854 et 1862, bondit à 15,3 en 1862-1865, puis à 25,7 de 1865 à 1869 (*Tableau n° 9*). Brutalement apparaissent toute l'étendue de l'obsolescence qui frappe le système "du père Labat" et la profondeur du "gap" technologique qui le sépare des techniques modernes de production sucrière. "Les malheureux habitants qui fabriquent à leurs moulins sont très arriérés", note en 1866 le maire de l'Anse-Bertrand à propos des planteurs trop éloignés de l'usine Beauport pour pouvoir lui porter leurs cannes ; et, quatre ans plus tard, ce même magistrat municipal n'hésite pas à qualifier les quelques moulins à vent encore en activité dans sa commune de "chose vraiment déclassée".

Fondamentalement, en effet, les habitations-sucreries, périmées technologiquement et économiquement, ont définitivement cessé d'être compétitives face au sucre de betterave et aux grandes usines centrales qui se multiplient au même moment dans toutes les Antilles, produisant à moindre coût un sucre de qualité supérieure. L'accroissement considérable de la production et l'essor pratiquement continu du progrès technique dans l'industrie sucrière entraînent une baisse longue des cours, qui diminuent de près de 30 % de 1860 à 1883 (*Voir graphique n° 2, p. 93*). En outre, les planteurs continuant d'employer le système "traditionnel" sont très lourdement pénalisés par le manque de main-d'oeuvre qui affecte alors la Guadeloupe ; "l'organisation du travail", qui maintenait par la contrainte les "cultivateurs" sur les habitations, a pris fin en 1860, et les travailleurs agricoles s'empressent de quitter ces lieux maudits pour s'établir comme petits propriétaires indépendants ou pour s'embaucher sur les domaines des usines, qui offrent de meilleurs salaires. L'expérience catastrophique du Crédit Foncier Colonial, d'autre part, précipite encore davantage le déclin des habitations-sucreries, dans la mesure où, nous l'avons vu, la grande majorité des prêts demandés à cet organisme ne sont pas utilisés par leurs bénéficiaires pour investir et moderniser leur fabrication, mais uniquement pour survivre quelques années de plus avec leurs moulins et leurs chaudières "du père Labat". Quand cesse la folle vague des prêts accordés sans compter des années 1864 à 1867, les expropriations forcées commencent à tomber en masse, entraînant presque toujours l'arrêt de la fabrication ; c'est notamment ce qui explique l'accélération des cessations d'activité dans la seconde moitié des années 1860 (25,7 par an de 1865 à 1869 contre 15,3 de 1862 à 1865). Enfin, les catastrophes naturelles se multiplient au cours de cette période, et leur impact est d'autant plus désastreux que la situation des planteurs est plus fragile : cyclone en 1861, épouvantable sécheresse en 1863 et 1864, très violent cyclone en 1865, épidémie de choléra en 1865 et 1866, pluies excessives en 1867, nouvelle sécheresse en 1872 et 1873, pluies pratiquement ininterrompues en 1878 et 1879.

b) L'échec de la politique de modernisation des habitations-sucreries

Pour lutter contre ce processus de désagrégation du système "traditionnel" qui menace de les emporter, certains planteurs, d'ailleurs minoritaires, essayent de moderniser leur fabrication en adaptant aux procédés "du père Labat" une partie des techniques nouvelles éprouvées depuis une trentaine d'années dans la sucrerie de betterave. L'essentiel de ce mouvement se situe au début de la décennie 1860, parce que la création du Crédit Colonial, puis sa transformation en Crédit Foncier Colonial permettent de disposer des financements nécessaires ; à la différence de la grande majorité des emprunteurs, ceux-ci utilisent effectivement leur prêt pour investir.

Le plus souvent, cette modernisation demeure très limitée. Avec un prêt de quelques dizaines de milliers de F, on installe une machine à vapeur et/ou on procède à quelques améliorations partielles : moulin horizontal, filtres, évaporateurs, chaudières à bascule, turbines, etc. Au sommet de ce mouvement, on compte 84 moulins à vapeur en Guadeloupe et 92 à la Martinique, soit le tiers environ seulement du nombre total d'habitations-sucreries encore en activité dans chaque île. Convenablement pourvue en main-d'oeuvre et bien cultivée, une habitation-sucrerie ainsi modernisée peut produire largement plus de 100 tonnes de sucre par campagne, contre 50 à 75 pour ses homologues "traditionnelles", et quelques-unes atteignent même les 150 à 200 tonnes ; mais elles demeurent toujours, fondamentalement, dans le système "du père Labat".

Pour dépasser celui-ci, il faut pousser la modernisation jusqu'à son niveau supérieur, celui des sucreries "bourboniennes", ainsi dénommées parce que le type en a été créé et développé dans les années 1850 à la Réunion, l'ancienne île Bourbon. Ce sont généralement de grosses habitations, parfois accrues par le rachat et l'annexion d'une ou deux autres voisines pour disposer d'un tonnage plus important de canne à manipuler, et dont le système de fabrication est qualifié de "mixte", parce qu'il combine à la fois certains aspects des procédés "traditionnels" et d'autres empruntés à la technologie moderne. Elles fonctionnent à la vapeur, sont entièrement mécanisées et utilisent la presque totalité de la technologie sucrière de betterave, mais l'évaporation et la cuite se font encore à l'air libre dans des appareils mis au point par des planteurs de la Réunion qui leur ont donné leurs noms (évaporateur Gimart, appareil à cuire Wetzell). Leur production est sensiblement plus importante que celle des habitations-sucreries, même modernisées, se situant le plus souvent autour des 300 à 400 tonnes, avec un maximum connu de 800 tonnes. Ces sucreries "bourboniennes" sont donc de véritables petites usines particulières, intermédiaires entre les habitations-sucreries modernisées et les grandes usines centrales utilisant la totalité de la technologie sucrière moderne. Seize sont installées entre 1862 et 1868 en Guadeloupe, où l'on rencontre également divers autres procédés (usines "à concrétor" notamment) sur certaines habitations ; par contre, la Martinique semble avoir presque entièrement ignoré ce type de modernisation, pour passer directement à l'usine centrale fabriquant dans le vide.

Dans l'ensemble, les habitations modernisées ont beaucoup mieux résisté à la crise du système "traditionnel" au cours de la décennie 1860, comme le montre la croissance du nombre de moulins à vapeur entre 1862 et 1869, alors que celui des moulins "du père Labat" s'effondre pratiquement de moitié pendant le même temps (*Tableau n° 9, p. 119*). Mais ce n'est manifestement qu'un répit ; ces opérations de modernisation limitée ne permettent pas d'affronter victorieusement la baisse continue du prix du sucre. Au contraire, par les coûts supplémentaires qu'elles engendrent pour un profit limité en termes de production et de chiffre d'affaire, elles aggravent encore davantage les difficultés des planteurs qui s'y sont engagés ; dès la fin des années 1860, ceux-ci sont à leur tour expropriés massivement par le Crédit Foncier Colonial, et le nombre de moulins à vapeur diminue rapidement au cours de la décennie suivante (*Tableau n° 9*). Même le système "bourbonien" se révèle constituer une impasse technologique. Il exige des investissements relativement lourds, dont il apparaît vite qu'il est impossible de les rentabiliser faute d'une production suffisante, quantitativement et qualitativement. Dès le milieu des années 1860, les planteurs l'ayant adopté sont à leur tour frappés par la crise. Sur la vingtaine d'établissements "mixtes" alors en activité en Guadeloupe, moins d'une dizaine parviennent à se transformer en usines modernes par la suite (*Voir tableau n° 11, p. 128*), et tous les autres redeviennent de simples plantations de canne ou sont expropriés et doivent arrêter leur fabrication. La politique de modernisation des habitations-sucreries débouche donc sur un échec.

c) *La fin des habitations-sucreries (1870-1906)*

Privées de débouchés, manquant de main-d'oeuvre, incapables de se moderniser faute de capitaux et, de toutes façons, trop petites pour rentabiliser les investissements nécessaires, asphyxiées par la baisse des cours du sucre, à bout de souffle financièrement, les habitations-sucreries employant encore le système "du père Labat" n'ont plus d'autre choix que d'abandonner celui-ci pour se porter "adhérentes" des usines centrales (*Voir paragraphe* 2) ; désormais, elles ont davantage intérêt à vendre leurs cannes en l'état, même mal payées, plutôt que de poursuivre dans la voie ruineuse et sans issue de la fabrication directe. A partir de 1870, le système "du père Labat" n'est plus qu'un condamné en sursis en Guadeloupe. L'ouverture providentielle du marché états-uniens aux sucres bruts de basses nuances, en 1873, prolonge certes l'existence des dernières habitations-sucreries pendant une dizaine d'années, ce qui explique notamment le très sensible ralentissement du nombre annuel moyen d'arrêts que l'on observe alors (5,7 de 1869 à 1882, contre 25,7 en 1865-69), mais ce débouché précaire et incertain est le dernier qui leur reste. Tout au long de la décennie 1870, ce qui demeure encore du système "traditionnel" se décompose progressivement ; en 1882, le sucre brut d'habitation ne représente plus que 22,8 % de la production sucrière totale de la Guadeloupe.

La grande crise sucrière mondiale de la fin du siècle, à partir de 1884 (*Voir tome III*), lui donne le coup de grâce. Dès le début, il est clair que les vieilles habitations-sucreries sont vouées à disparition à très brève échéance ; "le sucre brut a vécu et ne peut plus être sauvé", estime l'usinier et conseiller général Le Dentu en 1885, tandis que, l'année suivante, à la Martinique, un auteur considère "la sucrerie d'habitant comme une chose finie, usée, dont on ne peut plus rien tirer". Très vite, la majeure partie des planteurs qui poursuivaient jusqu'alors leur fabrication directe cessent celle-ci pour porter leurs cannes aux usines, certains se reconvertissent à la distillation, d'autres vendent ou louent leurs habitations à une usine, et plusieurs vont même jusqu'à arrêter toute activité et abandonnent purement et simplement leurs habitations, qui ne tardent pas à retourner à la friche. Nous sommes mal renseignés sur l'évolution du nombre de sucreries encore "roulantes" au cours de la décennie 1880, mais il n'est pas douteux qu'il subisse un véritable effondrement.

A partir de 1890, le système "traditionnel" n'existe plus qu'à l'état de traces en Guadeloupe. Il semble d'ailleurs se cantonner à Marie-Galante, où quelques moulins à vent continuent de produire pour le marché local. Le sucre brut d'habitation n'est plus coté sur la place de Pointe-à-Pitre après 1895, ses exportations cessent en 1902, sa fabrication en 1906. La dernière habitation-sucrerie en activité en Guadeloupe semble être celle de Pirogue, à Grand-Bourg, qui fonctionne avec un moulin à vapeur et un équipement "mixte" jusqu'en 1902 au moins. Quand commence le XXe siècle, le vieux système biséculaire "du père Labat" a définitivement vécu aux Antilles.

2. *LES USINES CENTRALES ET L'INDUSTRIALISATION DE LA PRODUCTION SUCRIERE*

2.1. La création des usines

a) Les étapes de l'industrialisation

On se souvient (*Voir tome I*) que les premiers établissements industriels pouvant être qualifiés d'*usines* avaient été établis en Guadeloupe en 1844 et 1845 ; à la veille de l'Abolition, ils étaient déjà au nombre de douze. Dans l'ensemble, l'expérience ne s'était pas révélée très concluante, ces usines connaissant alors de grosses difficultés, tenant principalement au manque de canne et de main-d'oeuvre.

Au lendemain de l'Abolition, elle tourne franchement à la catastrophe. La Compagnie des Antilles (Marly, Zévallos, Bellevue,

Grande-Anse) est mise en liquidation, Paul Daubrée, le "père" du concept d'usines centrales (Duval), est ruiné, plusieurs autres petites usines doivent fermer, et celles encore en activité se débattent au milieu des mêmes difficultés que les habitations-sucreries. Joint à l'apparente survie du système "du père Labat", tout ceci explique les réserves, voire même l'hostilité, dont fait preuve la grande majorité des planteurs à l'encontre des usines centrales ; c'est "une folie" déclare péremptoirement l'un d'eux en 1853, "il n'y aura plus d'établissements semblables nouveaux". Et de fait, jusqu'à la fin de la décennie, plus une usine n'est construite aux Antilles ; en 1860, il n'en reste plus que neuf en Guadeloupe et une seule à la Martinique.

Progressivement, toutefois, la situation se redresse. De nouveaux propriétaires reprennent les usines arrêtées, la production tend à augmenter, les bénéfices réapparaissent. Les esprits commencent à évoluer ; les difficultés des habitations-sucreries incitent certains planteurs à abandonner leur fabrication directe pour se porter "adhérents" des usines. La reprise de la baisse du prix du sucre et l'abandon de "l'organisation du travail", à la fin des années 1850, poussent également dans le même sens ; à partir de 1860, la demande pour la création d'usines centrales devient générale dans toute la Guadeloupe.

La création du Crédit Colonial, en 1860, puis sa transformation en Crédit Foncier Colonial, trois ans plus tard, ainsi que les prêts du célèbre constructeur métropolitain d'équipement sucrier Jean-François Cail, très engagé aux Antilles (*Voir point suivant*), ont pour conséquence de rendre cette demande solvable. Le mouvement d'industrialisation de la production sucrière antillaise démarre, mais selon des modalités et des rythmes différents entre les deux îles.

En Guadeloupe, la première moitié de la décennie 1860 constitue ce que l'on pourrait appeler le "grand bond en avant" de l'industrie sucrière. Ce sont surtout les établissements "bourboniens" qui, profitant de la politique débridée de prêts du CFC à ses débuts, alimentent ce mouvement ; il s'en construit quatorze de 1861 à 1865. Par contre, les créations d'usines modernes progressent beaucoup plus lentement, avec cinq mises en service seulement dans le même temps ; c'est évidemment parce qu'il s'agit d'opérations plus lourdes, nécessitant des préparatifs plus longs et un financement plus important, mais peut-être aussi parce que les hésitants attendent de voir ce que va donner le système "bourbonien" avant de s'engager. Mais en définitive, le nombre total d'établissements industriels de toutes natures en activité fait plus que tripler en Guadeloupe au cours de cette période. A la Martinique, par contre, c'est pratiquement le calme plat ; quelques usines "mixtes" et trois modernes seulement sont créées pendant toute la décennie 1860.

Tableau n° 10

EVOLUTION DU NOMBRE D'USINES EN GUADELOUPE DE 1847 A 1884

	Nombre annuel de			Nombre d'usines en activité		
	Créations d'usines "mixtes"	Modernisations d'usines "mixtes"	Créations d'usines modernes	"mixtes"	modernes	Total
1847				7	5	12
1860				4	5	9
1861			1			
1862	1		1			
1863	4		2			
1864	3		1			
1865	6	1		18	10	28
1866	1					
1868	2					
1869	1	2	1			
1870	1	2	1			
1871	1	1		8	17	25
1873		1				
1875			1	4	18	22
1880		2	1	1	20	21
1883				0	20	20
1884			2	0	22	22

Usines modernes : Evaporation et cuite dans le vide
Usines "mixtes" : Evaporation et cuite à l'air libre

Sources : *Varia.*

Au-delà de 1865, il ne se crée plus qu'un très petit nombre d'usines "mixtes" en Guadeloupe (trois "bourboniennes" et trois "à concrétor"). Dans tous les cas, ces expériences de modernisation partielle se révèlent tellement désastreuses qu'elle ne durent pas bien longtemps. Au bout de quelques campagnes, les établissements concernés doivent cesser de fabriquer ou se moderniser intégralement ; d'où leur quasi-disparition en une dizaine d'années seulement. A partir de 1871, toutes les usines créées en Guadeloupe sont équipées d'un multiple effet et fabriquent dans le vide. Le mouvement progresse lentement, à la fois par transformation d'établissements "bourboniens" et par installation d'unités entièrement nouvelles. C'est en 1884 que sont créées les deux dernières usines modernes, établissant ainsi à 22 le record historique du nombre de celles en activité dans l'île Mais compte-tenu des fermetures survenues entre-temps, ce sont au total 41 usines de toutes natures qui ont fonctionné à un moment ou à un autre entre 1850 et 1884.

Tableau n° 11

LES USINES DE LA GUADELOUPE EN 1884

Usines et communes	Date de		1874	1883	
	Création usine "mixte"	Modernisation ou création usine moderne	Cannes manipulées (Tonnes)	Cannes manipulées (Tonnes)	Sucre produit (Qx)
Marly, Ste-A		1844	14.945	21.350	19.226
Zévallos, Mou.		1844	24.054	34.561	33.760
Duval, PC	1844	1873	11.500	19.981	16.855
Bellevue, PL		1845	7.438	15.476	13.111
Grande-Anse, MG		1845	9.500	11.339	11.135
Duchassaing, Mou.		1862	19.655	27.347	25.691
Courcelles, Ste-A	1862	1869	10.250	17.116	16.294
Beauport, PL		1863	23.500	42.304	38.793
Clugny, PC		1863	19.629	27.501	27.639
Bonne-Mère, Ste-R	1863	1870		13.754	11.055
Sainte-Marthe, St-Fs	1863	1871	7.925	22.836	20.731
Duquerry, PB	1863	1880		12.070	9.500
Gentilly, Ste-A	1864	1865	14.320	14.049	12.363
Blanchet, MAE	1864	1869	26.397	43.748	40.513
Les Mineurs, Cap.	1866	1880		3.968	3.753
Montmein, Ste-A	1868	1870	6.500	6.700	5.700
Darboussier, PAP		1869	92.957	91.327	78.450
Gardel, Mou.		1870	11.833	13.037	13.063
Bologne, BT		1875		11.064	9.545
Bois-Debout, Cap.		?		3.909	2.924
Marquisat, Cap.		1884			
La Retraite, BM		1884			

Sources : *Conseil Général*, Session extraordinaire de mai 1875, p. 30, et *Courrier de la Guadeloupe*, 11 novembre 1884.

Curieusement, c'est au moment où le mouvement d'industrialisation se ralentit en Guadeloupe qu'il connaît sa plus forte accélération à la Martinique ; sans doute est-ce parce que le système "du père Labat" y a un peu mieux résisté un peu plus longtemps. Onze usines modernes sont créées entre 1870 et 1873, quatre dans la décennie 1880 et les deux dernières vers 1890 ; elles sont alors 21 en activité.

Carte n° 7

LES USINES DE LA GUADELOUPE AU XIXe SIECLE

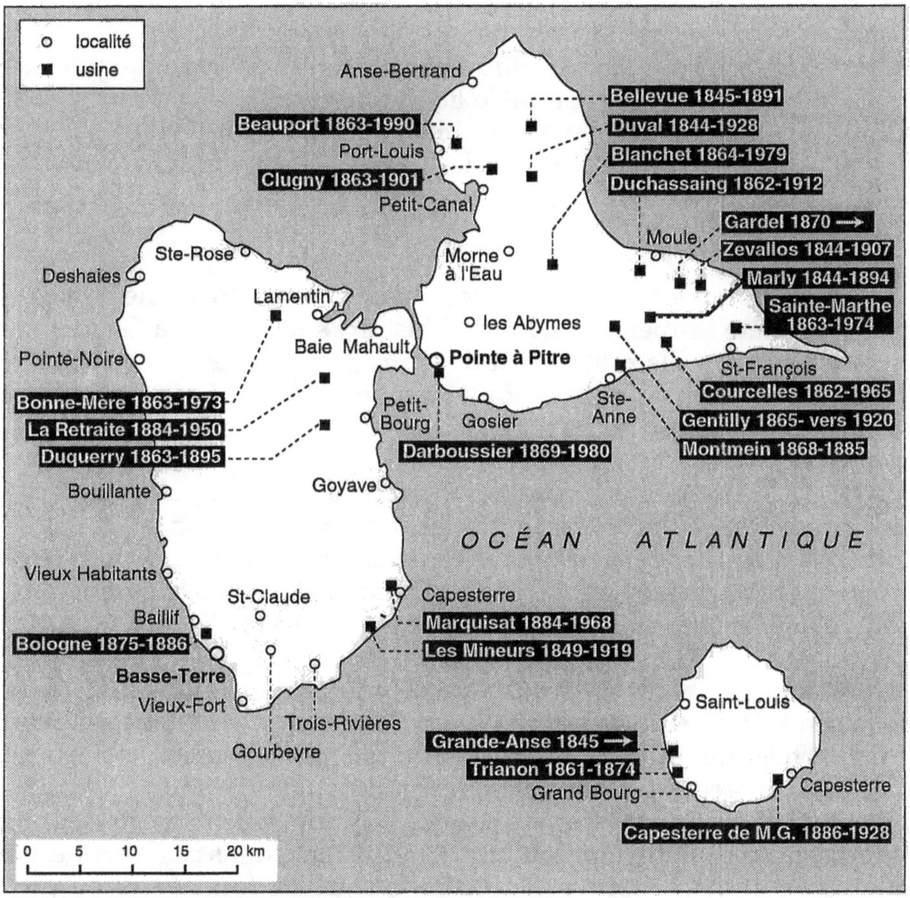

Carte J. Désiré, Centre de ressources Cartographie, Université de Picardie Jules Verne, d'après maquette de l'auteur

b) Les usiniers

Qu'ils aient créé leur usine ou en soient devenus propriétaires ultérieurement, tous les usiniers du XIXe siècle sont des Blancs. Des Créoles dans leur grande majorité ; les Européens implantés dans la branche sont, pour la plupart, définitivement installés aux Antilles, souvent mariés sur place et complètement créolisés, et les autres métropolitains interviennent beaucoup plus comme apporteurs de capitaux que comme usiniers proprement dits. Sur les 22 usines "fumantes" en Guadeloupe en 1884, quinze appartiennent à des familles blanches locales, trois à des métropolitains créolisés, et les quatre autres à des métropolitains "purs", mais dirigées en pratique par des Créoles disposant d'une complète liberté de gestion. A la Martinique, sur les vingt usines en activité en 1890, quinze ont été créées par des Créoles, deux conjointement par des Créoles et des métropolitains, et les trois dernières par des Européens seuls, mais très fortement créolisés.

A contrario, les gens de couleur sont presque totalement exclus de la propriété usinière. Dans toute l'histoire sucrière de la Guadeloupe, une seule famille mulâtre est devenue propriétaire d'une usine, et encore est-ce la plus petite de toutes (Capesterre de Marie-Galante) et pendant une très courte période (1920-1945). Aucune à la Martinique. Même dans les usines appartenant à des sociétés par actions, dont l'accès est théoriquement libre en raison de leur appel public à l'épargne, la part du capital possédé par les mulâtres est insignifiante : 4 % dans celui de la Compagnie Sucrière de la Pointe-à-Pitre, propriétaire de Darboussier, au moment de sa fondation (1867), et 5,8 % dans l'ensemble des sociétés sucrières de la Martinique en 1882.

Comme la révolution industrielle en Europe, l'industrialisation de la production sucrière antillaise est l'occasion d'une rupture sociale dans l'histoire de la classe dominante. Les usiniers du XIXe siècle ne sont pas, en règle générale, les descendants des grands habitants-sucriers du XVIIIe ; la plupart d'entre eux sont de nouveaux venus dans le sucre, qui n'ont pas ou peu d'antécédents dans ce domaine, ou sinon leur implantation y est récente. Sur les 34 fondateurs ou propriétaires postérieurs d'usines modernes de la Guadeloupe jusqu'en 1884 dont nous connaissons les origines socio-professionnelles, quatre seulement peuvent faire état d'une présence familiale de longue durée dans l'industrie sucrière ; l'habitation sur laquelle ils édifient leur usine appartient à leur famille depuis la fin de l'Ancien Régime. Dix exploitent déjà une habitation-sucrerie "du père Labat" au moment où ils créent leur usine, mais leur arrivée dans l'industrie sucrière est récente, quelques années avant l'Abolition dans deux cas et décennie 1850 pour les huit autres, et tous se lancent très vite dans la voie de la modernisation dès qu'ils obtiennent un financement, après que ces quelques années d'exploitation selon le système "traditionnel" leur aient très vite fait comprendre qu'il était vain de poursuivre dans cette voie. Enfin, pour les vingt derniers, l'usine constitue leur premier engagement dans l'industrie sucrière ; ils n'ont aucune implication antérieure dans le système "du père Labat", n'ont jamais été propriétaire d'une habitation-sucrerie et entrent dans le sucre en choisissant immédiatement la technologie moderne. Les usiniers de ce dernier groupe proviennent très majoritairement du négoce.

L'évolution est pratiquement comparable à la Martinique, même s'il semble qu'existe une plus grande continuité entre habitants-sucriers et fondateurs des usines ; ici aussi, la génération des usiniers apparue à partir de 1860 se compose essentiellement d'hommes nouveaux. Globalement, dans les deux îles prises ensemble, la création des usines modernes et l'industrialisation de la production sucrière entraînent un renouvellement presque complet des élites économiques. Les anciennes grandes familles, souvent installées aux Antilles depuis plus d'un siècle, sont éliminées en quelques décennies et remplacées par de nouveaux venus engagés sur une ou deux générations dans un processus d'ascension sociale extrêmement rapide, qui deviennent, en vingt ou trente ans seulement, les véritables maîtres de l'industrie sucrière ; ainsi les Souques (Beauport et Darboussier), les Monnerot (Blanchet), les Dubos (Courcelles et Gentilly), les Duchassaing de Fontbressin (Duchassaing et Zévallos), les Pauvert (Sainte-Marthe) en Guadeloupe, ou Emile Bougenot, et, naturellement, la famille Hayot à la Martinique.

Ceci dit, la "fenêtre" de renouvellement social qu'entrouvre la création des usines se referme très vite. Dès la fin des années 1860, la nouvelle classe dominante tend à se constituer en caste. Le milieu usinier (propriétaires des usines et leur entourage immédiat : parents, alliés, cadres supérieurs) représente, avec les familles, un maximum de 500 à 700 personnes en Guadeloupe vers 1880, pour une population blanche de 12.000 personnes environ et une population totale de 180.000 habitants. C'est donc un groupuscule, qui se replie très vite sur lui-même, demeurant à l'écart du reste de la population dont il se distingue par la puissance économique, la fortune et le train de vie, et qui se caractérise par une attitude de fermeture envers tout ce qui lui est extérieur. Fermeture sociale, tout d'abord, à l'encontre du reste de la population blanche-créole (ne parlons même pas des autres !), dont il se pose en protecteur et en défenseur, mais qu'il ne fréquente ni n'épouse, ou sinon le moins possible, et qu'il n'hésite pas à "enfoncer", voire même à sacrifier, lorsque les intérêts de l'Usine sont en jeu ; ainsi à l'extrême fin du siècle, lors de la crise de change (*Voir tome III*). Fermeture économique, en second lieu, par leur très faible implication en dehors de l'industrie sucrière ; mais il est vrai que la fragilité de leur situation financière (*Voir paragraphe suivant*), puis le déclenchement de la grande crise sucrière mondiale, à partir de 1884, les privent des moyens d'investir dans d'autres activités. Fermeture idéologique et politique, enfin. A quelques rares exceptions près, comme les Monnerot, qui se situent dans la mouvance républicaine modérée, le milieu usinier est profondément et massivement conservateur, avec tout ce qui accompagne un tel choix : monarchiste, clérical, exécrant la République et la démocratie, haïssant Schoelcher, "cet homme néfaste" que l'on n'hésite pas à qualifier d'*ennemi*, et se proclament défenseur d'un "ordre" social (et racial, même si ce n'est pas dit ouvertement) "naturel" dans lequel chacun a "sa place" et doit s'y tenir ; "notre drapeau sera celui de l'ordre, basé sur les principes de la religion, de la famille et de la propriété ... comme les entendaient et les pratiquaient nos pères", écrit l'*Echo de la Guadeloupe,* "journal des intérêts coloniaux", dans l'éditorial-programme de son premier numéro, en 1872, tandis qu'Ernest Souques n'hésite pas à se proclamer fièrement "réactionnaire" par deux fois en plein Conseil Général.

c) Le financement

La création d'un véritable secteur *industriel* sucrier aux Antilles représente un investissement important que, pour les deux îles ensemble, nous avons pu évaluer ailleurs, à partir d'estimations usine par usine, à un montant total de 51 millions de F (27 M en Guadeloupe, 24 M en Martinique) entre 1844 et 1884, usines "bourboniennes" et autres "mixtes" comprises ; cela représenterait un peu moins de 8 % de l'ensemble des capitaux métropolitains placés dans les colonies au cours du troisième quart du XIXe siècle et le quart de ceux investis dans leurs industries.

Les origines et la structure du financement de la création des usines en Guadeloupe présentent deux caractéristiques.

En premier lieu, *le rôle déterminant joué par le capital métropolitain,* soit comme associé, soit comme prêteur. Il contribue pour 61 % à l'investissement total, intervenant dans la création de toutes les usines sauf sept, qui se situent d'ailleurs parmi les plus petites ; à 29 d'entre elles, il apporte au moins 30 % du financement, et à 22 la moitié ou plus. Pour nous limiter seulement aux principales usines modernes ou modernisées par la suite, cet apport est de 100 % pour Duval, Beauport, Clugny, Courcelles et Marquisat, de 94 % pour les quatre usines de la Compagnie des Antilles, de 76 % pour Darboussier, autour des deux tiers pour Montmein et Gentilly, de 54 % pour Bonne-Mère ; il n'est toutefois que de 33 % à Blanchet, de très loin l'usine la mieux gérée de la Guadeloupe.

Compte-tenu de la nature même de son objet social, il n'est évidemment pas surprenant que le Crédit Colonial/CFC constitue de très loin la première source métropolitaine de financement de la modernisation de l'industrie sucrière guadeloupéenne ; il fournit près du quart de l'investissement total. L'autre grand apporteur métropolitain est l'industriel Jean-François Cail, avec 18 % du financement total. Son objectif ici est de se créer un marché pour les équipements sucriers qu'il fabrique, et dont il est le premier constructeur français et européen ; de ce point de vue, il réussit parfaitement, puisque, outre les huit usines à la création desquelles il participe directement, il en équipe encore huit autres en Guadeloupe. Par contre, on ne peut pas dire que sa politique d'implication massive dans l'île soit une réussite financière ; à l'exception des 40 % du capital de la Compagnie Sucrière de la Pointe-à-Pitre apportés volontairement à Darboussier, l'essentiel de son engagement financier en Guadeloupe résulte de l'impécuniosité de ses clients et associés créoles, auxquels il accorde largement avances et matériel à crédit avant de se retrouver lourdement "collé" par eux et de devoir, pour espérer récupérer ses créances, consolider celles-ci et les transformer en participations ou en prêts à long terme. Ainsi à Beauport et à Gentilly pour toutes les sommes mises dans ces deux usines, et même à Darboussier, où il souscrit des obligations destinées à couvrir le dépassement de capital pour un montant plus de deux fois supérieur à son apport comme actionnaire ; au total, il finance à lui seul 67 % de la création de cette usine et 72 % de celle de Beauport. Enfin, à côté du Crédit Colonial / CFC et de Cail vient tout un groupe assez hétérogène d'autres investisseurs métropolitains venus là dans l'espoir de réaliser un bon placement : grosses fortunes privées (Paul Daubrée à Duval, le marquis de Rancougne à Clugny), banquiers, comme ceux qui ont participé à la création de la Compagnie des Antilles, négociants des grands ports métropolitains en relation avec la Guadeloupe (Marseillais à Gardel et plus tard à Blanchet), etc. Tous réunis, ils participent pour 19 % au financement total, mais, dans l'ensemble, les résultats de leurs investissements ne répondent guère à leurs attentes, et la plupart d'entre eux finissent par tout perdre dans l'affaire.

La seconde grande caractéristique structurelle du financement de l'industrialisation de la production sucrière guadeloupéenne, qui est d'ailleurs en grande partie une conséquence de la précédente, réside dans *l'ampleur de l'endettement*. Il finance 35 % de l'investissement total. Sur les 38 usines pour lesquelles nous sommes renseignés, 29 au moins ont dû emprunter pour pouvoir financer leur création ; pour 19 d'entre elles, la part de l'endettement dans le montant de l'investissement initial atteint les 30 %, et pour dix la moitié ou plus. Pour nous limiter seulement aux principales usines modernes ou modernisées par la suite, elle est de 100 % à Courcelles et Marquisat, de 69 % à Clugny, de 65 % à Montmein, de 54 % à Beauport et Bonne-Mère, de 45 % à Darboussier, et même de 33 % à Blanchet, qui est pourtant un modèle de bonne gestion.

Pour apprécier plus précisément les résultats qui précèdent, il n'est pas sans intérêt de les comparer à leurs homologues de la Martinique. La structure du financement de la création des usines y est très différente. Ici, la modernisation de l'industrie sucrière repose essentiellement sur des capitaux propres d'origine locale ; l'endettement ne contribue que pour 21 % à l'investissement total et le capital métropolitain pour 15 % (le CFC / Crédit Colonial pour 8,5 % et Cail pour 4 %). Il existe manifestement au sein de la population blanche créole de la Martinique une richesse diffuse qui permet de trouver sur place plusieurs centaines de souscripteurs d'actions et d'obligations émises par les sociétés sucrières ; rien de comparable, à cet égard, avec la Guadeloupe, où la seule tentative de faire appel public à l'épargne pour créer une usine (Darboussier) donne des résultats si médiocres qu'elle ne sera plus renouvelée par la suite. En outre, les grands négociants de Saint-Pierre jouent un rôle fréquemment décisif dans le financement de la création des usines de la Martinique, non seulement en souscrivant de gros paquets d'actions mais également en les soutenant solidement de leurs avances ; ici aussi, rien d'équivalent n'existe en Guadeloupe, où les négociants de Pointe-à-Pitre et Basse-Terre se battent au contraire pour ne pas disparaître (*Voir paragraphe* 3).

Les causes de cette relative abondance du capital à la Martinique, pendant qu'il est au contraire relativement rare en Guadeloupe, sont bien connues et remontent, pour l'essentiel, au XVIIIe siècle. En premier lieu, la centralisation sur Saint-Pierre de la majeure partie du commerce métropolitain aux Petites Antilles entre 1720 et la Révolution a permis l'émergence d'un pôle local d'accumulation du capital à la Martinique, qui, inversement, a fait défaut en Guadeloupe, placée dans une coûteuse situation de dépendance commerciale et obligée la plupart du temps de passer par l'île voisine pour ses échanges avec la France. Et en second lieu, l'impact très divergent des évènements de la période révolutionnaire, qui ont pratiquement ruiné les planteurs de la Guadeloupe (la première Abolition, le régime de Terreur à l'époque de Victor Hugues, l'émigration massive vers les îles anglaises), pendant que ceux de la Martinique, "protégés" de l'abolition de l'esclavage par l'occupation anglaise qu'ils avaient eux-mêmes sollicitée, poursuivent leur activité à peu près "normalement". Les effets de cette double différence d'évolution entre les deux îles se font encore sentir au milieu du XIXe siècle, quand les planteurs modernistes veulent créer des usines ; il y a des capitaux disponibles pour s'investir dans celles-ci à la Martinique alors qu'ils sont très largement insuffisants en Guadeloupe, obligeant les initiateurs des projets à recourir massivement à l'endettement. Une telle situation de départ, alors que les usines entrent tout juste en activité, ne laisse pas d'être dangereuse et porte en elle les germes d'une évolution catastrophique pour peu que la conjoncture devienne défavorable ; nous allons voir dans le paragraphe suivant que c'est exactement ce qui se produit dès les années 1870.

2.2. La gestion des usines

a) Le problème de l'approvisionnement en canne

Dans la nouvelle organisation de la production sucrière antillaise telle qu'elle est conçue en 1841 par l'ingénieur Paul Daubrée, le "père" de ce système, les usines sont complètement séparées de la culture de la canne. Elles n'ont pas de domaine foncier, et il n'est pas prévu qu'elles en aient un. Ce sont des établissements uniquement industriels qui achètent toute leur matière première à des habitations voisines, autrefois établies en sucreries et désormais converties en simples plantations de canne, dont elles centralisent toute la production. C'est la raison pour laquelle on les appelle usines *centrales*.

Les habitations fournissant les usines dans ce cadre sont liées à elles par des contrats d'exclusivité de longue durée, généralement de vingt ans. Elles sont appelées "habitations-adhérentes" ; on dit aussi qu'elles sont "engagées" à l'usine. Leurs cannes sont payées sur la base de la contre-valeur sur le marché local du poids de sucre "bonne quatrième" qu'elles auraient obtenu si elles avaient manipulé elles-mêmes leur propre récolte selon les procédés "du père Labat" au lieu de la vendre à l'usine, soit 50 à 60 kg de sucre par tonne de canne, puisque le rendement industriel sur les habitations-sucreries "traditionnelles" se situe autour des 5 à 6 %. Le prix de la canne payé par l'usine est donc un certain pourcentage des tonnages livrés, multiplié par le prix de la "bonne quatrième" au cours de la mercuriale de Pointe-à-Pitre ; on dit alors que la canne est payée "à 5 %" ou "à 6 %". C'est ce que l'on appelle le paiement "à la mercuriale".

Tel est donc le principe sur lequel repose initialement le fonctionnement des usines de la Guadeloupe. Bien sûr, un certain nombre d'entre elles créées dans les années 1860 possèdent déjà une ou deux habitations, exceptionnellement trois, dès leur entrée en activité, mais le plus souvent, c'est parce que celles-ci appartenaient déjà à l'usinier auparavant. Deux usines seulement se constituent volontairement un domaine foncier antérieurement à leur construction (La Retraite et surtout Marquisat), mais il s'agit de créations tardives (1884), survenues à un moment où le mode d'approvisionnement en canne imaginé par Paul Daubrée s'était définitivement révélé être un échec.

Très vite, en effet, il apparaît que les habitations-adhérentes sont incapables de jouer correctement le rôle qui devait être le leur dans la nouvelle organisation de la production sucrière coloniale. Elles n'apportent pas suffisamment de matière première aux usines, qui ont besoin de passer des dizaines de milliers de tonnes de canne à leurs moulins pour rentabiliser les investissements énormes qu'elles représentent : 20 à 25.000 en moyenne, mais 40.000 à Blanchet ou Beauport et 90.000 à Darboussier, la plus grosse de toutes ; or, en 1883, les adhérents fournissent à peine 30 % du tonnage total manipulé par cette dernière, et 29 % à Blanchet (Pas d'information pour les autres). Ces habitations sont généralement en mauvais état lorsqu'elles s'engagent aux usines ; leurs plantations sont insuffisantes et mal entretenues, leurs cannes de médiocre qualité, la main-d'oeuvre manque et l'argent fait défaut pour remédier à tout cela. Elles sont en outre victimes de la même série de catastrophes naturelles qui frappent les habitations-sucreries encore roulantes au cours des décennies 1860 et 1870 (*Voir paragraphe 1*). Enfin, elles sont prises en étau entre des coûts en augmentation, en raison de la pénurie de main-d'oeuvre et de la hausse des salaires qui en résulte, et un prix de la canne "à la mercuriale" qui diminue parallèlement à celui du sucre (*Voir graphique n° 2, p. 93*). Et ceci d'autant plus que les usines, qui ont elles-mêmes de gros soucis financiers, ne résistent pas à la tentation de répercuter leurs difficultés sur leurs fournisseurs en ne rémunérant pas suffisamment leurs apports ; sauf à Beauport, qui offre 6 %, les cannes sont généralement payées à 5,5 %, et Souques essaie même, au début, d'imposer 5 % seulement aux adhérents de Darboussier. Dans ces conditions, il n'est pas surprenant que beaucoup de propriétaires d'habitations hésitent à s'engager auprès des usines, ou renoncent à la culture de la canne au bout de quelques années quand ils réalisent qu'ils n'y trouvent pas leur compte.

Pour contrebalancer la défaillance des adhérents, les usiniers essaient de diversifier leurs sources d'approvisionnement en encourageant le développement de la "petite culture", petits planteurs nègres et colons partiaires (*Voir chap. I*). Mais, même si elle est en grande partie couronnée de succès, cette politique atteint vite ses limites. Ces petits fournisseurs apportent aux usines une part lentement croissante de leurs approvisionnements, sans doute (10 % en 1874, 13 % en 1883, et jusqu'à 25 % à Darboussier), mais ils ne sauraient en tout état de cause se substituer aux grandes habitations ; celles-ci demeurent incontournables.

b) La reprise des habitations par les usines et le début de l'intégration foncière

C'est précisément parce qu'elles sont conscientes de cette situation que les usines sont, dans un premier temps, tout à fait disposées à répondre favorablement aux demandes d'avances de leurs adhérents ; il s'agit pour elles non seulement de se procurer de la matière première, mais aussi, et peut-être surtout, d'éviter que ceux qui les sollicitent ainsi se tournent vers un concurrent.

Mais avec la dégradation pratiquement continue de la situation des habitations tout au long des années 1870, se met en place un redoutable engrenage qui conduit les usines à passer du stade des simples facilités de trésorerie à la prise en charge intégrale des problèmes financiers des planteurs. Elles leur accordent de nouvelles avances de faisance-valoir, leur procurent les moyens de payer les habitations qu'ils ont achetées à crédit, règlent à leur place les annuités de remboursement de leurs anciens emprunts au Crédit Foncier Colonial, soldent pour leur compte leurs emprunts sur récolte à la Banque de la

Guadeloupe, remboursent pour eux d'anciennes dettes à leurs commissionnaires et autres créanciers. Et tout cela, en faveur d'un nombre croissant de bénéficiaires. Très vite, c'est le dérapage. Les usiniers se retrouvent pris au piège de devoir accorder sans cesse de nouvelles avances à leurs fournisseurs pour les mettre en état de continuer à leur apporter des cannes, sous peine de voir ceux-ci, devenus totalement insolvables, abandonner purement et simplement leurs habitations ; ce serait la pire des situations, car les usines devraient alors reprendre et reconstituer à grands frais les plantations devenues vacantes, sauf pour elles à courir le risque de manquer de matière première, passer sous le seuil de rentabilité et ajouter ainsi des pertes industrielles aux pertes agricoles de leurs adhérents. A Darboussier, le montant cumulé des avances non recouvrées aux fournisseurs (adhérents et habitations de l'usine) est multiplié par 25 entre 1868 et 1880, représentant alors plus d'un an de chiffre d'affaires de l'usine ; plus d'un an et demi à Beauport et sept mois à Gentilly en 1878.

Ces errements se poursuivent donc pendant encore un certain temps, mais, vers le milieu de la décennie 1870, il apparaît qu'il n'est plus possible de continuer longtemps dans cette voie et d'accumuler ainsi des créances dont il est de plus en plus évident qu'elles sont définitivement irrécouvrables. Même en prenant directement en charge la gestion des habitations des adhérents les plus endettés, leur situation ne peut plus être redressée. La prise de conscience du caractère irréversible de leur endettement conduit les usines à changer complètement de politique à l'égard de leurs débiteurs défaillants ; elles font saisir leurs habitations, ou les laissent exproprier par le CFC ou d'autres créanciers avant de les racheter à bas prix.

Pour sécuriser leurs approvisionnements en canne, les usines sont donc amenées à s'engager dans la voie de l'intégration foncière. Si l'on excepte quelques établissements dont les gestionnaires réagissent plus tôt et plus vite face à la dérive débitrice de leurs adhérents, comme René Monnerot à Blanchet, c'est à partir de 1875 que démarre le mouvement de constitution de leurs domaines (*Voir tableau n° 12*). La superficie totale des habitations possédées ou gérées par elles passe de 11.000 ha en 1875 à près de 18.000 en 1880, puis bondit à 26.000 quatre ans plus tard ; en Grande-Terre, les usines contrôlent alors 20.000 ha, représentant plus du tiers de la superficie totale de l'île.

Tableau n° 12 – *LA CONSTITUTION DES DOMAINES FONCIERS DES USINES JUSQU'EN 1884* (a)

Usines	Mise en service			1875		1880		1884	
	Année	Nombre d'hab.	Sup. ha	Nombre d'hab.	Sup. ha	Nombre d'hab.	Sup. ha	Nombre d'hab.	Sup. ha
Darboussier	1869	1	70	12	2.007	16	2.643	24	4.203
Beauport	1863	3	500	7	1.133	11	2.012	18	3.117
Bellevue	1845	0	--	0	--	3	700	4	832
Clugny	1863	0	--	4	640	8	1.242	11	1.732
Duval	1844	0	--	3	400	5	693	12	1.728
Blanchet	1864	2	325	8	1.345	10	1.641	10	1.641
Zévallos	1844	0	--	1	86	3	306	8	927
Sainte-Marthe	1863	3	323	--	--	11	1.607	11	1.607
Duchassaing	1862	3	419	5	615	8	1.179	9	1.293
Marly	1844	1	134	5	727	6	822	7	980
Gardel	1870	3	376	6	767	6	767	8	1.024
Courcelles	1862	1	313	3	566	5	780	6	964
Gentilly	1865	2	362	4	800	6	1.038	6	1.038
Montmein	1868	3	459	4	619	4	619	4	619
Marquisat	1884	9	1.844	--	--	--	--	9	1.844
Bonne-Mère	1863	1	232	3	362	4	412	4	412
La Retraite	1884	4	622	--	--	--	--	4	622
Bologne	1875	1	128	--	--	2	181	3	412
Grande-Anse	1845	0	--	7	1.048	7	1.048	8	1.274

(a) Toutes habitations exploitées en faire-valoir direct par l'usine, quel que soit leur statut juridique (propriété de l'usine ou du propriétaire de celle-ci et des membres de sa famille, ou louées à travers des baux de longue durée).

Sources : AD Guadeloupe, Hypothèques de Pointe-à-Pitre, et *varia*.

c) Les difficultés financières

La situation financière des usines de la Guadeloupe ne cesse de se dégrader au cours de la décennie 1870 ; les quelques données disponibles permettant d'apprécier cette évolution sont reproduites dans le *tableau n° 13.* Le montant brut de leurs dettes à long terme fait plus que doubler à Gentilly et Duval, il triple presque à Darboussier et Blanchet, et il augmente monstrueusement à Beauport. Parallèlement, le ratio de financement des immobilisations par l'endettement s'accroît également, sauf à Blanchet, où sa diminution est une preuve de plus de l'excellente gestion de René Monnerot, son propriétaire.

Tableau n° 13

LES DIFFICULTES FINANCIERES DES USINES DANS LES DECENNIES 1860 ET 1870

	Endettement brut à long terme (1)					Ratio DLT/Immob. (2)				
	Darb.	Bpt	Blan.	Gent.	Duv.	Darb.	Bpt	Blan.	Gent.	Duv.
1864					270		100			
1865		1047		331					47	
1868	2000									
1869						46				
1870								33		
1871			224							
1875		6800		781			170		> 100	
1876					715					53
1879	5595									
1881			638					22		
1882						60				

1. Milliers de F.

2. Ce ratio mesure la proportion des immobilisations (l'usine, son terrain, ses bâtiments, son matériel de fabrication et de transport, ses habitations) financée par des dettes à long terme. C'est un % ; plus il est élevé et plus mauvaise est la situation financière de l'entreprise.

Source : Arch. d'Outre-Mer, minutes du notaire L. Guilliod, et *varia*.

Pour ce qui concerne Blanchet, en effet, ce que nous savons par ailleurs de sa gestion dans les années 1870 montre que l'accroissement de son endettement a servi alors essentiellement à financer des investissements productifs, créateurs de valeur ultérieure, ce qui est plutôt un signe de bonne santé financière de l'entreprise ; on le verra bien en 1881 aux conditions très intéressantes faites aux Monnerot par un groupe de capitalistes marseillais désireux de racheter Blanchet. Par contre, pour toutes les autres usines du tableau, la croissance de leur dette serait plutôt la preuve du contraire ; même si leurs propriétaires aussi ont consacré une partie de leur endettement additionnel à investir, là n'est de toute évidence pas l'explication majeure de la dégradation de leur situation financière. En réalité, les deux causes principales de cette dégradation nous sont déjà apparues tout au long des développements qui précédent dans ce paragraphe.

En premier lieu, *un endettement excessif au moment de la création des usines* ; il engendre automatiquement de lourdes charges de remboursement et des frais financiers élevés. A Beauport, le Dr Aman Souques (le père) n'a pas un sou vaillant devant lui lorsqu'il s'embarque dans l'aventure, en 1861. Trois ans plus tard, au bord de la ruine, il est sauvé par Cail, mais celui-ci, "collé par les énormes créances qu'il détient sur l'usine, fait chèrement payer son soutien en "pompant" méthodiquement et systématiquement toutes les liquidités dégagées par l'exploitation, même au prix d'un accroissement colossal de l'endettement ; étouffée dès le début sous le poids de sa dette, Beauport ne parviendra jamais à refaire surface jusqu'à l'expropriation finale des Souques, en 1901. A Darboussier, selon les propos remplis d'amertume d'Ernest Souques (le fils) à la fin de sa vie, c'est Cail qui a volontairement imposé la création "d'une grosse usine avec un petit capital" (2,4 MF pour 4 M d'immobilisations), tout en s'engageant à "lui donner tous les développements nécessaires au moyen de son crédit personnel" ; mais Cail meurt en 1871, deux ans seulement après la mise en marche, et Souques va devoir "galérer" pendant quarante ans avec une usine surdimensionnée dans une épuisante "course à l'argent". Et combien d'autres qui se noient tout de suite dans leurs dettes : le marquis de Rancougne à Clugny, Stanley-Auguste Duchassaing de Fontbressin à Zévallos, les époux Dagomel à Gentilly, H. Boissel et tous les propriétaires successifs de Montmein jusqu'en 1884, François Vassort puis la société Brumant & Beauperthuy à Duval, la veuve Dupont puis Jules Vergé à Bonne-Mère, F. Lacaze-Pounçou à Marquisat ... Quelques exceptions, bien sûr : Amédée Pauvert à Sainte-Marthe, et surtout Solange Monnerot (le père, malgré son prénom féminin) et son fils René à Blanchet, qui, peu endettés au départ, peuvent consacrer leurs bénéfices de fabrication à autre chose qu'à rembourser leurs dettes et à payer des frais financiers ; ce n'est pas un hasard si Blanchet est la seule usine du tableau n° 13 dont la situation financière s'améliore structurellement (*Voir ratio DLT/Immob.*) dans les années 1870.

Seconde cause de la dégradation de la situation financière des usines au cours de cette période : *leur implication excessive dans la culture de la canne*. Il leur faut tout d'abord refinancer les avances considérables qu'elles accordent à leurs adhérents, et, ici aussi, c'est essentiellement en s'endettant qu'elles trouvent l'argent nécessaire ; en 1875, attirant l'attention des actionnaires de Darboussier sur le problème de la trésorerie, Souques fait observer "combien est lourde la circulation de crédit que nous sommes obligés de subir", puisqu'il doit emprunter à 9,5 % ce que ses fournisseurs lui remboursent à 6 % seulement, en lui laissant d'ailleurs chaque année plusieurs centaines de milliers de F d'impayés. Mais ensuite, quand elles reprennent les habitations de leurs débiteurs expropriés pour les exploiter elles-mêmes directement, les usines ne font pas beaucoup mieux que leurs anciens adhérents ; elles aussi perdent de l'argent, même si c'est un peu moins qu'eux, parce que le problème de fond demeure : la culture de la canne n'est pas rentable en elle-même, mais doit tout de même être poursuivie pour fournir la matière première indispensable à la fabrication industrielle qui, elle, l'est. De 1868 à 1883, Darboussier accumule, campagne après campagne, 5.300.000 F de pertes d'exploitation sur ses propres habitations et de créances non recouvrées sur celles de ses adhérents ; si l'on compare avec le montant de ses dettes à long terme tel qu'il apparaît sur le tableau n° 13, on voit que c'est probablement là le facteur majeur de ses problèmes. *A contrario,* le relativement faible endettement de Blanchet s'explique aussi par le fait que René Monerot a toujours fait très attention d'éviter de se trouver pris dans un engrenage "à la Souques", c'est-à-dire devoir accorder sans cesse de nouvelles avances pour des montants énormes à un nombre toujours croissant de fournisseurs ; celles qu'il consent à ses adhérents ne concernent qu'un petit nombre d'habitations et pour de très faibles sommes. C'est une autre facette de ses talents de gestionnaire.

2.3. Les conséquences économiques et politiques de l'industrialisation

Venant en complément de l'abolition de l'esclavage et couronnant l'évolution commencée en 1848, la création des usines achève de bouleverser l'ensemble des structures politiques, économiques et sociales guadeloupéennes. S'agissant des dernières nommées, nous avons observé précédemment les nouvelles opportunités en matière d'emploi et de promotion sociale qu'offre l'industrialisation de la production sucrière à la génération des affranchis de 1848 (*Chap. I*), ainsi que le renouvellement des élites blanches locales qu'elle entraîne. Nous allons examiner maintenant ses conséquences dans les domaines économique et politique.

a) Accroissement et concentration de la production

La première conséquence de la création des usines est évidemment un accroissement considérable de la production de sucre, ainsi qu'il apparaît dans le *tableau n° 14*. Au cours de cette brève période, un quart de siècle à peine, pendant laquelle s'accomplit l'industrialisation de l'économie sucrière guadeloupéenne, la production totale fait plus que doubler alors que celle des habitations-sucreries diminue de plus de moitié, et c'est bien sûr uniquement sur les usines, dont les tonnages sont multipliés par dix dans le même temps, que repose un tel résultat. Le sommet de 57.500 tonnes atteint en 1882 est plus de moitié plus élevé que le précédent record, 37.900 tonnes en 1834, à l'apogée du système "du père Labat". Une évolution comparable se retrouve, naturellement, à la Martinique, qui bénéficie elle aussi de l'industrialisation de sa production sucrière (maximum des exportations avant l'Abolition = 33.300 t. en 1828 ; après l'apparition des usines = 49.300 t. en 1883) ; inversement, dans les îles anglaises voisines, où ne sont pas créées d'usines modernes (Dominique, Grenade), la production ne cesse de décliner, avant de s'arrêter totalement à l'extrême fin du siècle, une fois disparues les dernières habitations-sucreries.

Tableau n° 14

EVOLUTION ET COMPOSITION DE LA PRODUCTION DE SUCRE DE LA GUADELOUPE DE 1856 A 1882

Campagne	TOTAL GUADELOUPE	HAB. - SUCR. Prod. tonnes	HAB. - SUCR. % Gpe	USINES Prod. tonnes	USINES % Gpe
1856	23.700	19.300	81,4	4.400	18,6
1860	32.900	28.400	86,3	4.500	13,7
1868	30.800	13.000	42,2	17.800	57,8
1873	35.800	10.700	29,9	25.100	70,1
1878	48.100	12.300	25,5	35.800	74,5
1882	57.500	13.100	22,8	44.400	77,2

Sources : *Statistiques coloniales* et *Annuaire de la Guadeoupe*

Ce bond de la production, puise à des sources très diverses, concernant aussi bien l'amont (la culture de la canne) que l'aval (la fabrication) de la filière de production.

Dans le domaine agricole, tout d'abord, des efforts considérables sont faits en vue de répondre à la demande croissante de canne des usines, qui manipulent 170.000 tonnes environ en 1865 et 450.000 en 1883. L'espace cannier s'accroît ; la superficie de canne de la Guadeloupe, qui se situait entre 16 et 18.000 ha au début des années 1860, dépasse régulièrement les 25.000 ha deux décennies plus tard. D'autre part, au fur et à mesure qu'elles reprennent des habitations, les usines réorganisent leur exploitation afin d'accroître les rendements et la production, grâce notamment à un début de mécanisation des cultures et à l'emploi massif d'engrais, dont les importations doublent approximativement au cours de la même période. Enfin, essentiellement grâce à l'immigration, la main-d'oeuvre agricole employée dans la canne est en hausse lente mais continue ; on y compte 41.000 travailleurs en 1860 et plus de 53.000 en 1882.

Pour ce qui concerne, en second lieu, la fabrication, toutes les innovations apparues depuis 1840 dans la sucrerie de betterave, et qui définissent véritablement la modernité dans la branche, ont été intégralement adoptées par les créateurs des usines des Antilles, à l'exception de la diffusion qui, malgré de nombreux essais, n'a pu finalement être mise en œuvre à l'extraction dans la canne (*Voir chap. III, notamment planche n° 3, p. 89*). Il en résulte que des progrès considérables sont faits en matière de rendement industriel ; alors que les habitations-sucreries "traditionnelles" obtenaient difficilement entre 5 et 6 % de sucre d'une tonne de canne, les usines centrales de la première génération (celles de la Compagnie des Antilles, par exemple) atteignent les 9 %, et celles, plus perfectionnées, créées dans les années 1860 vont normalement jusqu'à 9,5 et 10 %, et peuvent parfois même dépasser ce chiffre. Parallèlement, leur capacité de production tend à s'accroître. Les neuf usines en activité en Guadeloupe en 1860 donnent en moyenne 500 tonnes de sucre chacune, et la plus grosse d'entre elles, Zévallos, produit 1.500 tonnes ; en 1883, ces deux volumes sont passées respectivement à 2.050 tonnes de moyenne et 7.845 tonnes pour Darboussier, la première.

La création des usines et l'industrialisation de leur fabrication débouchent donc sur un énorme mouvement de concentration de la production sucrière guadeloupéenne. Au début du XXe siècle, quand s'achève le grand processus de modernisation, et une fois disparues les dernières traces du système "traditionnel", les 500 habitations-sucreries "du père Labat" de 1848 auront été remplacées par une vingtaine d'usines produisant globalement deux fois plus qu'elles, et par unité trente fois plus.

b) L'élimination des anciennes structures de la production

Une fois l'esclavage aboli, les deux autres piliers du système "traditionnel" de production sucrière, les habitations-sucreries et les commissionnaires des ports, ne pouvaient évidemment que disparaître à leur tour. Mais l'apparition des usines va encore accélérer le mouvement.

En premier lieu, elles donnent aux habitations-sucreries la possibilité d'abandonner leur fabrication directe, en leur offrant à proximité un débouché de remplacement pour leur récolte. On constate en effet que, dès qu'une usine commence à fonctionner dans une commune ou une région donnée, pratiquement toutes les habitations-sucreries des environs, même très bien modernisées, cessent presque immédiatement de manipuler leurs propres cannes pour se porter adhérentes de cette usine et lui livrer désormais toute leur récolte. En quelques années, les usines font littéralement le vide autour d'elles. Ainsi dans le Nord de la Grande-Terre, Beauport élimine une quarantaine d'habitations-sucreries ; à Sainte-Anne "quatre centres de fabrication perfectionnés" en remplacent une trentaine ; et il n'en reste plus une seule en activité dans la plaine des Abymes un an seulement après l'inauguration de Darboussier. Au début des années 1870, les habitations-sucreries autonomes encore "roulantes" se situent pratiquement toutes dans des régions relativement isolées et/ou difficiles d'accès, telles la Côte-sous-le-Vent ou les Hauts de Marie-Galante, ou dans lesquelles il n'existe pas encore d'usine centrale susceptible d'absorber leurs cannes, comme autour de Basse-Terre avant la création de Bologne (1875) ou de Capesterre jusqu'en 1884 (création de Marquisat) ; en Grande-Terre, par contre, les usines manipulent pratiquement toutes les cannes de l'île, et les rares habitations-sucreries qui subsistent sont celles trop éloignées pour pouvoir y porter leur cannes.

La création des usines porte, en second lieu, un coup fatal au grand commerce de commission, par lequel passait jusqu'alors l'essentiel des relations entre les planteurs et le marché. Les propriétaires d'habitations, passés du statut de producteurs et exportateurs de sucre à celui de simples vendeurs de canne aux usines, n'ont plus besoin de l'entremise des commissionnaires, et les usines, en expédiant directement leurs sucres à des courtiers en métropole, court-circuitent les intermédiaires locaux. Progressivement, au fur et à mesure que les habitations-sucreries arrêtent leur fabrication directe, le commerce de commission perd sa raison d'être ; il n'y a plus de place pour lui dans la nouvelle organisation de la production et des exportations sucrières. Après une série de faillites au milieu des années 1860, il entre en décadence, avant de disparaître presque entièrement à la fin du siècle ; le nombre total de grandes maisons de commerce en Guadeloupe passe de 40 en 1874 à 23 en 1885 et 3 en 1903.

c) Les conséquences politiques : des usines à l'Usine

De 1860 à 1883, la filière canne-sucre assure régulièrement, en chiffres ronds, environ 60 % de l'emploi et 85 % des exportations en valeur de la Guadeloupe. Et les usines entrent pour une part croissante dans ces résultats. On imagine le pouvoir qui en résulte pour leurs propriétaires. Leur entrée en scène marque un large tournant non seulement dans l'histoire économique de l'île, mais également dans celle de la politique locale. De même que l'industrialisation de la production sucrière débouche inévitablement sur la concentration de celle-ci entre un petit nombre de grandes unités, de même entraîne-t-elle une concentration de pouvoir dans les mains d'un petit nombre d'usiniers, capables d'imposer leur volonté et leurs intérêts tant au reste de la population qu'à l'administration coloniale elle-même.

L'évolution du vocabulaire courant aux Antilles illustre, d'ailleurs, cette mutation. A partir de la décennie 1870 apparaît la distinction entre *les* usines, unités de production réunissant un certain nombre de moyens matériels destinés à fabriquer du sucre, et l'*Usine,* au singulier et avec une majuscule, véritable être collectif doté d'une personnalité et d'une volonté propres, qui transcende la somme des établissements le composant. Dans la conscience collective antillaise du dernier tiers du XIXe siècle et de la première moitié du XXe, l'Usine est perçue avant tout comme l'image même, mi-fantasmée, mi-réelle, du pouvoir des Blancs ; "en Guadeloupe", note Guy Lasserre en 1961 encore, "l'*Usine* semble douée d'une personnalité mystérieuse qui ne laisse personne indifférent. On lui attribue tous les bienfaits ou on l'accuse de tous les maux. Elle a pris sa place depuis longtemps dans le panthéon des grandes forces qui mènent le monde guadeloupéen". Elle est ressentie tout à la fois comme une puissance économique écrasante (premier exportateur, premier employeur, premier contribuable), comme le lieu par excellence de la lutte des classes et des races ("capitalistes usiniers" blancs contre prolétaires noirs), comme le maître du jeu politique local ("les élus de l'Usine" au Conseil Général, "les pressions de l'Usine" sur l'administration, parfois même un "gouverneur de l'Usine") et comme un *deus ex machina* qui tire toutes les ficelles, grâce à "la presse de l'Usine" et à "l'argent de l'Usine". Cette usine-là (forcément sucrière, sinon on précise : une usine à glace) n'est pas une entreprise ou un ensemble d'entreprises ; c'est un complexe politique et social. Elle est le personnage central et dominant de l'histoire antillaise entre l'Abolition et la départementalisation, celui autour duquel s'organise toute l'activité économique, s'articulent tous les grands débats, se prennent toutes les grandes décisions et se manifestent toutes les grandes obsessions de la société créole.

Cette omnipotence de l'Usine résulte tout d'abord du fait que les usiniers se sont donnés les moyens d'agir directement sur l'environnement politique et institutionnel de leur activité. Leurs associations professionnelles (Comité des Usines en 1866, devenu Syndicat des Fabricants de Sucre en 1887), relayées par les organes de presse qu'ils contrôlent (*Echo de la Guadeloupe* de 1872 à 1880, puis *Courrier* jusqu'en 1908) leur permettant d'agir sur l'opinion publique et de créer ainsi en leur faveur "une agitation utile". Leur présence en force au Conseil Général (le "parti usinier") leur donne le privilège de participer immédiatement à l'élaboration de décisions susceptibles d'exercer une influence sur les coûts et les résultats de leurs entreprises ; ainsi en va-t-il jusqu'à l'extrême fin du siècle pour tous les grands débats les concernant directement : subvention de l'immigration indienne jusqu'en 1885 (alors qu'à partir de 1875, celle-ci ne profite pratiquement plus qu'aux seules habitations des usines), rejet d'un projet d'alourdissement spécifique des droits de sortie sur les sucres d'usine (1878-1880), inversement deux abaissements successifs de ces mêmes droits, en 1886 et 1893, extension, en 1886, de la garantie de remboursement accordée au CFC par le budget colonial (pour des prêts qui, à partir de 1880, ne sont pratiquement plus accordés qu'aux seules usines), prise en charge par les finances de la colonie des frais d'envoi en métropole-le d'une délégation usinière conduite par Souques pour intervenir dans les milieux *ad hoc* afin d'obtenir une détaxe de distance (1895), rejet d'une motion demandant l'abaissement du change (1897). Nous aurons l'occasion de revenir sur tout cela dans le tome suivant.

Mais au-delà même de sa présence dans les lieux de pouvoir, c'est d'abord le consensus unanime dont elle bénéficie dans les milieux dirigeants de l'île qui fait la principale force de l'Usine. Volontairement ou non, consciemment ou non, parmi tous les responsables locaux de la Guadeloupe, hauts fonctionnaires de l'administration coloniale, hommes politiques de tous bords et de toutes couleurs, députés, conseillers généraux, maires des communes sucrières, directeur de la Banque, grands négociants et autres divers décideurs économiques, nul ne conteste sérieusement cette affirmation, inlassablement martelée par Souques et par tous les usiniers : "*C'est l'Usine qui fait vivre le pays*" ; tel est le postulat de base de toute la vie économique et politique guadeloupéenne jusqu'à la seconde moitié de la décennie 1890. Même ses adversaires les plus décidés, s'ils combattent avec acharnement sa politique, s'ils protestent contre ses tendances hégémoniques, s'ils dénoncent vigoureusement ses pratiques et les conséquences souvent catastrophiques qui en résultent pour la majorité de la population, ne remettent pas vraiment en cause sur le fond ni sa suprématie, ni le fait que l'essentiel de l'économie de la Guadeloupe repose sur elle.

Il en résulte que, sauf pendant une courte période (1898-1901), les usiniers ont toujours obtenu des décideurs locaux tout ce qu'ils demandaient sans que personne puisse s'y opposer, ni ne cherche d'ailleurs véritablement à le faire. Ainsi, nous avons noté précédemment (*Chap. III*) l'extrême laxisme et la complaisance coupable, contraire à la loi et à ses propres statuts, dont fait preuve la Banque de la Guadeloupe dans ses relations avec les usines, et nous verrons dans le tome suivant qu'elle fera encore pire à la fin du siècle. De même, en 1895 et 1896, alors que les relations entre les deux hommes sont devenues détestables dans la colonie, le député républicain Gerville-Réache n'a aucune hésitation à appuyer l'usinier monarchiste Souques dans sa grande campagne d'agitation et de propagande en métropole en vue d'obtenir une détaxe de distance pour les sucres coloniaux. Et jusqu'en 1936 et à Félix Eboué, on ne rencontre qu'un seul gouverneur (Moracchini, 1895-1900) qui ose refuser de se soumettre aux exigences des usiniers. On pourrait pasticher ici le mot célèbre d'un ancien président de la *General Motors* sur la convergence de ses intérêts avec ceux des Etats-Unis : "*Ce qui est bon pour l'Usine est bon pour la Guadeloupe*".

CONCLUSION

La transition post-esclavagiste aux Antilles prend fin en 1884 avec le déclenchement de la grande crise sucrière mondiale de la fin du siècle. Que de changements au cours des trois décennies couvertes par ce livre ! Imaginons un enfant né dans l'esclavage en 1838 : à dix ans, il accède à la Liberté ; à vingt, à la propriété ; à trente, les ailes du moulin de son ancienne servitude cessent de battre et il assiste à la construction à proximité du véritable "monstre" industriel que constitue une usine ; l'année suivante, il voit la famille de ses anciens maîtres expulsée ; à quarante ans, les Blancs de cette usine viennent lui proposer aimablement un bon prix s'il accepte de leur vendre des cannes et un bon salaire s'il veut bien, lui le fils d'esclave, travailler quelques jours par mois sur leurs habitations ; à cinquante, ce que ces mêmes Blancs lui jettent avec mépris ne lui permet même plus de nourrir sa famille et il doit accepter de se "caser" sur le domaine de l'usine ; il meurt à soixante ans dans la misère épouvantable provoquée par la crise sucrière. Toute l'histoire économique et sociale de la Guadeloupe résumée en une vie !

Même si elle n'arrive qu'en dernière position dans le déroulement de nos développements au cours de ce livre, l'Usine est déjà au centre de la transition et son apparition constitue le couronnement de toute cette évolution par les conséquences qu'elle entraîne. En remplaçant l'ancienne structure "traditionnelle" de la production sucrière, elle contribue à substituer le rapport salarial à la contrainte dans les relations entre planteurs et "cultivateurs", et donc à pousser jusqu'à son terme la rupture du lien maître-esclave, proclamée en 1848 mais dont "l'organisation du travail" avait essayé de prolonger l'existence. C'est elle encore qui, par l'étendue des besoins nouveaux en main-d'œuvre et en canne qu'elle suscite, tire l'activité à la hausse, accélère l'ouverture des campagnes à l'économie monétaire, favorise la mobilité géographique et sociale, et offre toutes sortes d'opportunités nouvelles à des gens qui, un quart de siècle plus tôt seulement, gémissaient encore sous le fouet. En ceci, l'Usine prolonge et renforce l'Abolition, et exerce en quelque sorte une influence libératrice supplémentaire dont la génération de 1848 est la grande bénéficiaire. On ne peut s'empêcher d'évoquer ici ce célèbre passage dans lequel Marx magnifie en des termes enthousiastes la bourgeoisie pour son rôle "hautement révolutionnaire" dans l'évolution de la société européenne, avant de procéder à une attaque en règle contre le capitalisme auquel elle a donné naissance. Aux Antilles aussi, la création des usines exerce des effets "hautement révolutionnaires".

Bien sûr, ce rôle éminemment positif de l'Usine au cours de ce tiers de siècle n'est pas exclusif d'autres influences, de contradictions et d'effets pervers. L'allègre expansion de la période 1860-1883 contribue, elle aussi, très fortement à approfondir le contenu de leur Liberté pour les affranchis de 1848, en établissant à leur profit un rapport des forces qui, pour une fois, la seule en réalité dans toute l'histoire de l'industrie sucrière antillaise, est clairement et largement favorable aux salariés contre leurs employeurs ; or, les usines locales ne sont pour rien dans cette conjoncture, dont l'épicentre est complètement extérieur aux Antilles. D'autre part, cette promotion de la population noire n'apparaît rapide que parce que celle-ci partait de zéro. La société issue de l'Abolition, que nous proposons de qualifier de "post-quaranthuitarde", est encore très loin d'être complètement libérée du traumatisme de l'esclavage et continue de subir les séquelles les plus immédiates de celui-ci. Comme avant 1848, une poignée de Grands-Blancs sucriers entendent bien persévérer dans leur comportement de *maîtres* et considèrent comme la chose la plus normale et la plus évidente du monde d'imposer leur loi à l'ensemble de la population ; et ils y parviennent pour l'essentiel. L'influence "libératrice" de la création des usines atteint ici ses limites ; après tout, Ernest Souques, le fondateur de Darboussier, le chantre de l'Usine, le grand modernisateur de l'industrie sucrière guadeloupéenne, est à la fois un progressiste industriel, toujours à l'affût des innovations technologiques, et un réactionnaire social, qui avoue sans aucune honte frapper ses ouvriers. N'oublions pas non plus le rôle essentiel joué par l'immigration au cours de cette période. En libérant des forces de travail jusqu'alors contraintes, donc peu productives, sur les habitations, elle "fluidifie" le marché du travail créole, en permettant une réallocation de la main-d'œuvre dans le sens le plus utile aux usines ; c'est parce qu'arrivent en masse les Indiens pour servir de manœuvres dans des conditions pas très éloignées de l'esclavage que les Créoles peuvent faire jouer à leur profit les "lois du marché", sortir de l'habitation, devenir ouvriers industriels, acquérir de la terre, se transformer en planteurs de canne. Très directement, ici, la Liberté accrue des uns passe par l'asservissement renforcé des autres.

Enfin et surtout, tout ceci n'a qu'un temps. Le retournement de la conjoncture sucrière en 1884 met brutalement un terme à ce moment exceptionnel que venait de vivre la génération de 1848. Désormais l'Usine reprend la main et ne va plus revêtir qu'un seul visage, celui de l'exploitation et de la misère. Ce sera l'objet du prochain volume que de retracer cette évolution.

LECTURES COMPLEMENTAIRES

Les quelques références qui suivent n'ont d'autre objet que de permettre au lecteur intéressé d'approfondir ses connaissances sur tel ou tel point abordé dans ce livre. Une bibliographie pratiquement exhaustive de plusieurs centaines de titres sera publiée prochainement dans le *Guide de recherche en histoire antillo-guyanaise,* actuellement en cours de préparation par l'équipe de recherche "Archéologie industrielle, Histoire, Patrimoine" de l'Université des Antilles-Guyane sous la direction de Danielle Bégot, dont la parution est prévue à la fin de 2007 ou au début de 2008. L'auteur de ces lignes y est plus particulièrement en charge de l'histoire économique.

Concernant les deux premiers chapitres, la plupart des travaux étudient en même temps le problème du travail créole au lendemain de l'Abolition et celui de l'immigration. Nous avons résumé ici l'essentiel de la recherche suivante :

SCHNAKENBOURG Christian, *L'immigration indienne en Guadeloupe (1848-1923). Histoire d'un flux migratoire,* Thèse de doctorat en Histoire contemporaine, Université d'Aix-Marseille I, 2005, 1490 p. dact. en 6 vol. (A paraître aux éditions Les Indes Savantes).

Mais on consultera également avec profit les deux excellents articles de :

DANQUIN Léon, "Une difficile transition au capitalisme : les flux migratoires indiens et africains en Guadeloupe, 1852-1885", *Etudes Guadeloupéennes,* n° 2-3, 1990, p. 91-137,

et "Modalités et processus de formation du marché du travail en Guadeloupe au lendemain de l'abolition de l'esclavage (1848-1875)", *Etudes Guadeloupéennes,* n° 7, 1995, p. 86-140

Sur l'évolution du marché du sucre au XIXe siècle, voir les passages sur le sujet contenus dans :

FIERAIN Jacques, *Les raffineries de sucre des ports en France (XIXe–début du XXe siècle),* Thèse de doctorat ès Lettres, Université de Nantes, 1974, 738 p. dact.

Problèmes bancaires et financiers. Un titre dispense de toute autre lecture :

BUFFON Alain, *Monnaie et crédit en économie coloniale. Contribution à l'histoire économique de la Guadeloupe, 1635-1919*, Basse-Terre, Sté d'Histoire de la Gpe, 1979, 388 p.

Mutations du secteur sucrier. L'essentiel de la question est traité de façon relativement approfondie dans deux gros articles généraux dont nous résumons ici les principaux développements :

SCHNAKENBOURG Christian, "La disparition des habitations-sucreries en Guadeloupe (1848-1906). Recherche sur la désagrégation des structures pré-industrielles de la productions sucrière antillaise après l'abolition de l'esclavage", *Revue Fse d'Hist. d'Outre-Mer*, t. LXXIV, 1987, p. 257-309,

et "La création des usines en Guadeloupe (1843-1884). Recherche sur la modernisation de l'industrie sucrière antillaise après l'abolition de l'esclavage", *Bull. de la Sté d'Histoire de la Gpe*, n° 124-125, 2000, p. 21-115, et n° 141, 2005, p. 3-76.

On pourra compléter avec quelques monographies historiques du même auteur sur les principales usines de la Guadeloupe :

La Compagnie Sucrière de la Pointe-à-Pitre (E. Souques & Cie). Histoire de l'usine Darboussier de 1867 à 1907, Paris, L'Harmattan, 1997, 308 p.

"Histoire de Beauport au temps des Souques (1836-1901). Recherche sur les causes de la chute des usiniers créoles en Guadeloupe au début du XXe siècle", *Bull. de la Sté d'Histoire de la Gpe*, n° 115, 1998, p. 61-141.

"La Compagnie Marseillaise de Sucrerie Coloniale. Histoire de l'usine Blanchet de 1860 à 1933", *Bull. de la Sté d'Histoire de la Gpe*, n° 119-120, 1999, p. 3-80.

Et pour une intéressante comparaison avec les autres colonies sucrières, les deux études très solides de :

PETITJEAN-ROGET Bernard, "La mise en place des usines centrales à la Martinique", *Historial Antillais*, Fort-de-France, Ed. Dajani, 1980, t. IV, p. 185-218.

Et FUMA Sudel, *Une colonie île à sucre. L'économie de la Réunion au XIXe siècle*, Saint-Denis, Océans Editions, 1989, 413 p.

TABLE DES TABLEAUX

TABLE DES CARTES, PLANCHES ET GRAPHIQUES

TABLE DES MATIERES

L'HARMATTAN, ITALIA
Via Degli Artisti 15 ; 10124 Torino

L'HARMATTAN HONGRIE
Könyvesbolt ; Kossuth L. u. 14-16
1053 Budapest

L'HARMATTAN BURKINA FASO
Rue 15.167 Route du Pô Patte d'oie
12 BP 226
Ouagadougou 12
(00226) 50 37 54 36

ESPACE L'HARMATTAN KINSHASA
Faculté des Sciences Sociales,
Politiques et Administratives
BP243, KIN XI ; Université de Kinshasa

L'HARMATTAN GUINEE
Almamya Rue KA 028
En face du restaurant le cèdre
OKB agency BP 3470 Conakry
(00224) 60 20 85 08
harmattanguinee@yahoo.fr

L'HARMATTAN COTE D'IVOIRE
M. Etien N'dah Ahmon
Résidence Karl / cité des arts
Abidjan-Cocody 03 BP 1588 Abidjan 03
(00225) 05 77 87 31

L'HARMATTAN MAURITANIE
Espace El Kettab du livre francophone
N° 472 avenue Palais des Congrès
BP 316 Nouakchott
(00222) 63 25 980

L'HARMATTAN CAMEROUN
BP 11486
Yaoundé
(00237) 458 67 00
(00237) 976 61 66
harmattancam@yahoo.fr

657190 - Juin 2016
Achevé d'imprimer par

1livre.com
du rêve à la réalité !